ÉTUDES PHILOSOPHIQUES

SUR

L'INSTINCT ET L'INTELLIGENCE

DES ANIMAUX.

Strasbourg, imprimerie de V.ᵉ BERGER-LEVRAULT.

ÉTUDES PHILOSOPHIQUES

SUR

L'INSTINCT ET L'INTELLIGENCE

DES ANIMAUX.

PAR

A. L. A. FÉE,

Professeur d'histoire naturelle à la Faculté de Médecine de Strasbourg,
Membre titulaire de l'Académie impériale de Médecine.

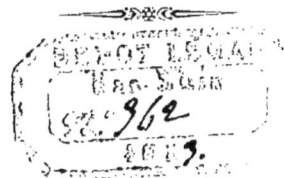

STRASBOURG,
Ve BERGER-LEVRAULT & FILS,
LIBRAIRES.

PARIS,
C. REINWALD, LIBRAIRE.
rue des Saints-Pères, 15.

1853.

A MATHIEU BONAFOUS.

Vous nous avez quitté pour un monde meilleur; mais vous vivez encore dans celui-ci par le souvenir du bien que vous y avez fait.

Vos amis, parmi lesquels je suis fier d'être compté, garderont pieusement votre mémoire; pourtant ce serait trop peu vivre parmi les hommes, car leurs cœurs et le mien se glaceront bientôt. Il vous fallait un monument moins périssable, et c'est vous-même qui l'avez élevé, en vous livrant avec persévérance à des travaux utiles : toujours préoccupé de chercher le mieux, quand vous aviez trouvé le bien; venant en aide au mérite méconnu; aussi habile à découvrir les malheureux que prompt à les secourir; sévère envers vous seul, pour avoir le droit d'être indulgent envers tous.

La gloire, cette récompense légitime de vos travaux, vous est acquise, et vous n'y aviez point songé. Il vous a suffi, pour la conquérir, de céder à vos penchants les plus doux et les plus impérieux. Vous avez bien mérité de l'humanité, et cependant vous ne pensiez qu'à bien mériter de vous-même.

Strasbourg, septembre 1853.

A. F.

AVANT-PROPOS.

Les études qui se rattachent de près ou de loin à l'instinct ou à l'intelligence des animaux, sont tout à la fois au nombre des plus intéressantes et des plus ardues. Ce n'est pas qu'elles aient été négligées ; mais l'Antiquité n'a jeté que de faibles lumières sur ce sujet difficile. Les Anciens manquaient de critique ; plus rapprochés que nous du berceau de la civilisation, ils avaient toute la crédulité de l'enfance, quoique souvent ils pensassent en hommes.

Les questions métaphysiques se lient, bien plus étroitement qu'on ne le pense, aux progrès des sciences physiques. Elles élèvent l'hypothèse à l'état de démonstration, donnent du

corps à l'abstraction, et font passer dans le
domaine des sens ce qui semblait ne devoir
appartenir qu'aux idées spéculatives.

Telle est surtout la dignité à laquelle atteint
la philosophie de l'histoire naturelle : elle raisonne, mais d'après les faits ; et c'est en géné-
ralisant les notions acquises, qu'elle en déduit
des lois universelles.

Elle suit, pas à pas, le perfectionnement des
sciences naturelles ; elle les éclaire, et à son tour
en est éclairée. Son rôle n'est pas seulement de
s'attacher à l'erreur et de la dévoiler, mais de
chercher les voies qui conduisent à la vérité.

Elle a fait mieux comprendre l'impossibilité,
où l'homme se trouve désormais, de pouvoir
embrasser dans ses recherches le grand ensemble des productions de la nature, démon-
trant ainsi, jusqu'à l'évidence, la nécessité d'une
sage distribution du travail. Les plus habiles,
forcés de se restreindre, ont dû accepter une
part plus modeste ; et l'étude des détails, qui
est à la portée de tous les esprits, a fait progresser l'histoire naturelle, bien plus activement
que n'eussent pu faire les travaux des plus
vastes intelligences.

Mais ces détails n'ont-ils pas d'ailleurs leur sublimité et leur grandiose, par la nécessité de les comparer à l'ensemble? Rien n'étant isolé, ni dans le monde physique ni dans le monde moral, on ne peut se flatter de bien connaître une chose qu'après avoir saisi et apprécié tous les rapports qui l'unissent, soit à ses analogues, soit à ses contraires. Toute étude, a-t-on dit avec une parfaite justesse, est une comparaison.

Voir pour comparer, comparer pour connaître, connaître pour apprécier, telle est la marche à suivre dans l'étude des sciences. C'est pour avoir très-souvent apprécié avant d'avoir comparé, que les sciences naturelles restèrent si longtemps dans un état voisin de l'enfance.

Ainsi que l'a victorieusement établi un écrivain distingué, qui sait unir la force du raisonnement à la finesse des aperçus, il fallait observer, puis raisonner; tandis que l'on a commencé par le raisonnement, pour n'aboutir que tardivement à l'observation. Il suit de là que le naturaliste qui aura le mieux vu, sera en même temps celui de tous qui saura le mieux dire. Le

nom de Fréderic Cuvier se présente naturellement à l'esprit, pour justifier cette assertion.

Les travaux de cet observateur sagace ont
été mis en relief par M. Flourens, avec une abnégation personnelle si complète, qu'elle touche
et intéresse comme le récit d'une bonne action. Le dévouement de l'ami a porté bonheur
à l'écrivain; son livre a réussi, et il méritait de
réussir.

Peut-être, après l'avoir lu, eussions-nous dû
nous abstenir; mais l'auteur, qui connaît si bien
son sujet, l'ayant déclaré inépuisable, nous ne
pouvions nous dispenser de le croire sur parole, et nous nous sommes engagé courageuse-
ment dans la route, où lui-même a marché d'un
pas si sûr.

Au reste, les idées qui dominent dans notre
travail, ne sont pas les mêmes que celles des
naturalistes qui ont écrit avant nous; et, comme
il arrive toujours, si nous nous accordons souvent, nous différons parfois. Peut-être aussi,
et qu'on nous pardonne de l'exprimer ici, quelques aperçus nouveaux ont-ils été le résultat
de nos méditations.

«S'il n'existe plus de vérités neuves», a dit
une femme d'esprit et de cœur (¹), «il existe toujours une manière neuve de les présenter ; et
cette forme nouvelle, donnée aux vérités utiles,
peut les rendre accessibles à telle ou telle intelligence qui leur était jusqu'alors restée fermée.» Notre incertitude a donc cessé, et nous
avons entrepris ce travail.

La forme aphoristique, sous laquelle nous
le donnons, entraîne après elle une certaine
sécheresse ; elle a surtout le tort de présenter
d'une manière trop absolue et trop dogmatique
des propositions parfois contestables, et qu'on
se sent d'autant plus disposé à contredire,
qu'elles semblent offertes comme d'éclatantes
vérités.

Toutefois, ces propositions permettent de
voir bien plus nettement la pensée de l'auteur,
que cette pensée soit juste ou de sens douteux.
Le lecteur qui comprend, approuve ou con-
damne, complète ou retranche. Tout est profit

---

(1) M.ᵐᵉ Cécile Fée, Pensées ; Paris, 1832.

pour lui, car il gagne du temps, et c'est sans effort, comme sans hésitation, qu'il formule son jugement.

Il nous reste à désirer que ce jugement, prononcé avec indulgence, soit basé plutôt sur la difficulté du sujet que sur la faiblesse de l'exécution.

I.

PROPOSITIONS.

ÉTUDES PHILOSOPHIQUES

SUR

L'INSTINCT ET L'INTELLIGENCE DES ANIMAUX.

———

I. Préambule.

1.

L'homme n'a pas été placé sur la terre pour admirer stérilement les merveilles de la création : Il *observe* et il *médite*.

2.

De l'*observation* sont nées les sciences physiques; de la *méditation* les sciences métaphysiques.

Elles témoignent les unes et les autres de sa double nature; car, s'il tient aux animaux par le corps, son âme a une essence immatérielle et divine.

Observateur intelligent, il progresse dans la connaissance des faits; mais il s'égare souvent dans l'explication qu'il en donne. Il sait voir, mesurer,

1

décrire ; habile à constater tout ce qui est du domaine des sens, on le voit hésiter, se contredire et flotter incertain dans tout ce qui appartient au raisonnement.

Aussi peut-on facilement reconnaître que les naturalistes anciens sont séparés des naturalistes modernes par un intervalle immense, tandis que les philosophes de toutes les époques et de tous les lieux semblent être contemporains.

Et cependant, soit qu'il réussisse, soit qu'il échoue, l'homme veut voir par delà tous les horizons, aussi ardent à créer de nouvelles hypothèses qu'à découvrir de nouveaux faits.

3.

L'homme se meut au dehors, à l'aide des organes dont la nature l'a pourvu. Il se meut au dedans, par la pensée. Ces deux mouvements, l'un physique et l'autre intellectuel, sont également impérieux. Il est un être pensant, comme il est un être agissant. La pensée se forme en lui et malgré lui ; elle le domine et l'obsède. Le cerveau pense comme le cœur bat, en dehors de toute volonté.

4.

Mais si le mouvement intellectuel entraîne l'homme à la recherche de la vérité, il faut que ce mouvement soit réglé et que la raison lui démontre ce qu'il peut *savoir* et ce qu'il doit *croire ;* ce qu'il peut *discuter* et ce qu'il doit *admettre*.

5.

Lorsque l'homme refuse d'attribuer à Dieu la part qui lui revient dans le grand œuvre de la création, Dieu le frappe de cécité intellectuelle.

Les savants ont voulu élever une nouvelle tour de Babel, et il en est résulté ce qu'on pourrait appeler la confusion des théories.

6.

Certains qu'il est pour l'homme des mystères impénétrables et des faits sans explication, pourquoi craindrions-nous d'avouer notre impuissance à dévoiler les uns et à expliquer les autres? Nous vivons, mais qui peut définir la vie? Nous mourrons, mais qui peut comprendre la mort? Il faut chercher plus haut la cause des effets qui se rendent chaque jour manifestes à nos yeux, et faire rentrer dans la sphère d'action du Créateur ce qui doit y rentrer, sans qu'il en coûte le moindre effort à notre raison.

7.

L'étude comparative des instincts et de l'intelligence de l'homme et des animaux est d'autant plus difficile, que des noms semblables ont été donnés à des facultés différentes. On dit des animaux qu'ils ont l'intelligence, mais non celle de l'homme; la réflexion, mais non celle de l'homme; qu'ils ont l'appréciation, mais qu'ils apprécient autrement que l'homme. En adoptant d'autres termes, peut-être aurait-on aplani bien des difficultés et évité bien des méprises.[1]

En physique générale, les corps regardés comme congénères, ne doivent point offrir de différences essentielles; autrement, ils passent de la condition de genre à celle de classe, et on les désigne par des noms différents. Il doit en être de même en métaphysique. Lorsque deux facultés agissent diversement et dans un but qui n'est pas rigoureusement semblable, on les regarde comme distinctes et on les sépare.

8.

Si l'intelligence de l'homme et celle des animaux étaient une seule et même faculté à des degrés différents, elles devraient avoir partout des points de contact et donner des résultats de même ordre. Dans l'état de nature, l'intelligence des animaux est très-restreinte, et pour qu'elle puisse s'élever, il faut que l'homme se charge de leur éducation; or, quelque soignée qu'elle puisse être, jamais l'élève ne saurait approcher du maître. Il n'est donc pas juste de dire que l'homme est le plus intelligent des êtres de la création, il faut dire qu'il est autrement intelligent qu'eux tous.

9.

En effet, l'intelligence des animaux est limitée et stationnaire; elle ne se perfectionne ni ne se communique; celle de l'homme, au contraire, est transmissible; elle rayonne comme la lumière; son caractère est de s'accroître et de se perfectionner indéfiniment.

10.

Nous sommes donc complétement séparés des animaux par la nature même de notre intelligence. D'où il suit que si juger de l'homme par l'homme est chose logique, conclure de l'homme à l'animal est chose incertaine et souvent hypothétique. Dans les efforts tentés pour établir entre eux un parallèle, on voit constamment que comparer c'est différencier.

11.

Rigoureusement parlant, l'homme ne peut être que l'historien de ses propres sensations. Ce qui est en dehors de sa nature, lui échappe, ou bien est mal apprécié. L'habitude qu'il a prise de tout ramener à lui, de déclarer imparfait ce qui s'éloigne de son organisation, et de croire très-supérieur tout ce qui s'en rapproche, est un écueil que n'a pas su toujours éviter sa raison.

12.

Nous recevons de notre éducation première, et même de nos études, des idées qu'il faut rectifier. Nos jugements sont rarement libres, et à notre insu une foule de préjugés tendent à les fausser. C'est ainsi, par exemple, que nous nous préoccupons de la dimension, qui ne compte pour rien ; de la durée, qui ne compte pas davantage, de la simplicité de structure des organes ou de leur complication, quoique l'observation nous ait appris que la nature obtient de puissants effets en se servant de moyens très-simples et en apparence insuffisants.

13.

Les études zoologiques n'ont que très-lentement progressé, parce que nous avons dès le début fait fausse route. C'était à l'état sauvage que nous devions étudier les animaux, tandis que c'est surtout à l'état de domesticité qu'ils ont été observés. En les rapprochant de nous, nous introduisons en eux l'élément humain. Dans l'ordre de leurs destinées, ils sont pervertis.

Nous leur prêtons nos sentiments, nos passions, nos vices, et cependant les mots cruel, sanguinaire, féroce, ne peuvent leur être appliqués; ils obéissent à leurs instincts; ils en dépendent. Le tigre qui dévore une gazelle ne fait rien de plus que le mouton qui paît l'herbe des prairies; l'un et l'autre se nourrissent.

14.

C'est donc avec une très-grande réserve qu'il faut procéder, lorsqu'il s'agit d'apprécier les faits, d'ailleurs trop peu nombreux encore pour s'élever à la hauteur de lois universelles. Ce qu'on sait aujourd'hui de l'intelligence, n'est que la moindre partie de ce qu'on peut en savoir un jour : tant les questions difficiles se résolvent avec lenteur.

Déjà beaucoup d'écrivains modernes se sont exercés sur cette matière grave et ardue. Plus leurs noms ont d'autorité et d'éclat, et plus on se sent intimidé en se présentant à son tour dans la carrière; mais ce qui intimide bien davantage, c'est la grandeur et la sublimité du sujet lui-même; aussi en l'abordant, éprouvons-nous une sorte de terreur religieuse, contre laquelle nous nous trouvons sans défense.

II. De l'instinct et de l'intelligence chez l'homme et les animaux ; caractères différentiels et manifestations.

1. Instinct.

15.

Quand Dieu créa les êtres vivants en dehors des lois générales qui régissent aujourd'hui la matière, il fit tout à la fois l'espèce et la race, le père et les fils ; il opéra dans le présent et pour l'avenir.

16.

Il créa le germe, et ne voulut pas qu'il dépendît de la volonté des êtres dans lesquels il préexistait de s'opposer à son développement.

17.

Aux plantes qui vivent et meurent sans pouvoir se déplacer, il donna, comme moyen de conservation, des tissus fermes et élastiques, et comme agent de multiplication, des myriades de germes, mis en rapport direct avec les organes propres à les féconder.

18.

Aux animaux qui se déplacent, et dont la vie est exposée à des vicissitudes nombreuses, il donna l'*instinct*, afin qu'ils pussent, en se conservant durant un temps, reproduire leur espèce et continuer son œuvre; les faisant ainsi les ministres de sa volonté souveraine.[2]

19.

L'instinct est donc d'origine divine; c'est la puissance créatrice, transmise aux êtres créés. Ce mot résume en un seul le *croissez et multipliez* des premiers jours du monde.

20.

C'est parce que l'instinct est de source divine que ses manifestations restent sans explication.

21.

Il est une propriété inhérente à la vie; une loi tout aussi impérieuse que celle qui attire vers les pôles l'aiguille aimantée, et qui ne s'explique pas davantage.

22.

Nul ne peut se soustraire à l'instinct, ni même le modifier: l'abeille fait son miel d'une certaine façon et non d'une autre ; le nid de l'oiseau se reproduit rigoureusement dans sa forme, comme la fleur dans la sienne.

23.

L'homme, ainsi que les animaux, est soumis à l'instinct. Les premiers actes de sa vie sont, comme chez ceux-ci, purement instinctifs. L'enfant prend le sein de sa nourrice sans qu'il soit besoin de le dresser à cette manœuvre. On a vu les petits de certains animaux saisir les tetines de leur mère avant même d'être complétement sortis de l'utérus.*

24.

Les marsupiaux nous offrent l'exemple éclatant d'une force instinctive aveugle, se manifestant même avant la constitution définitive du fœtus. Lorsque les embryons sortent de la première matrice, n'offrant rien de distinct qu'une tête et une bouche, ils se greffent aussitôt sur la mamelle de la mère, sans que celle-ci vienne en aide à ces créatures à peine ébauchées.

25.

Quelque avancés que soient l'état social et le degré d'éducation de l'homme, ils laissent tous

---

* FLOURENS, De l'instinct et de l'intelligence, p. 29. Paris, 1851.

deux une large part à l'instinct. Celui qui semble le dominer surtout et agir avec d'autant plus d'empire que son intelligence s'accroît davantage, est l'instinct de sociabilité.

Mais il en est d'autres dont il ne se rend pas toujours un compte exact.

26.

Les sympathies et les antipathies sont des effets instinctifs.

La crainte est l'instinct de la conservation; l'amour, l'instinct de la reproduction.

Celui qui ferme soudainement la paupière, quand, à l'improviste, un corps étranger menace ses yeux, ou qui s'arrête au bord d'un précipice avant même d'avoir la conscience exacte du danger qu'il court; celui qui, à la vue d'un objet repoussant, éprouve des nausées, ou qui sent, à l'odeur de certains mets, se réveiller l'appétit, cèdent l'un et l'autre à l'instinct.

27.

L'instinct est toujours en rapport avec les besoins de l'organisation; il est faible, quand les animaux sont forts et bien armés; il est, au contraire, très-développé quand ils ont été créés faibles, et qu'ils ne peuvent résister à leurs ennemis que par la ruse.

28.

Quoique l'instinct opère dans un but déterminé, celui du maintien et de la durée de l'espèce, il donne lieu à deux ordres de phénomènes : la conservation de l'individu et la conservation de l'espèce; l'un est *l'instinct de conservation*, l'autre, *l'instinct de reproduction*. Ils subjuguent les animaux, qui leur cèdent aveuglément; mais l'homme peut en régler l'usage et les subordonner à la raison.

2. Intelligence.

29.

Il est des animaux purement instinctifs; il en est d'autres qui sont éclairés par un pâle reflet de la lumière divine. On les dit intelligents.

30.

L'intelligence est la faculté de comprendre et de donner aux actes de la vie une direction déterminée par la *volonté* de l'être qui les accomplit.

La *raison* est cette faculté qui permet à l'homme de se connaître, de se juger et de se conduire.

31.

L'homme et l'animal sont l'un et l'autre doués d'intelligence; mais l'homme seul a la raison.

32.

L'intelligence étant une *faculté*, se développe; l'instinct étant une *propriété*, reste stationnaire et immuable.

33.

Buffon accorde tout aux animaux à l'exception de la pensée et de la réflexion; mais, peut-il y avoir mémoire sans réflexion, et réflexion sans pensée?[3] Un chien commet une faute et, pour l'expier, vient volontairement s'exposer à recevoir une correction, afin de rentrer en grâce; le chat qui a volé se sauve pour ne reparaître dans la cuisine que quand il croit sa mauvaise action oubliée. Ces actes, au point de vue psychologique, sont très-avancés et de nature très-compliquée.

34.

Les animaux ont de la mémoire et l'exercice de cette faculté veut de la réflexion. Ils se réjouissent et s'affligent. On a vu des animaux mourir de douleur.[4]

Les passions humaines s'emparent d'eux et les dominent. La colère, la haine, la jalousie les tourmentent. Ils se montrent dévoués, affectueux, reconnaissants, circonspects, prudents et rusés;

ils ont leurs antipathies et leurs sympathies. On
les calme et on les excite. Le cerveau de certains
mammifères reproduit, pendant le sommeil, les
principaux actes de la vie. Le chien de chasse
rêve qu'il court après le gibier ; le chien de berger,
qu'il rallie ses moutons.

35.

Chez eux, l'instinct prédomine toujours sur
l'intelligence ; chez l'homme, au contraire, l'intelligence prédomine toujours sur l'instinct. L'animal a donc l'instinct en plus et l'intelligence en
moins ; l'homme a l'instinct en moins et l'intelligence en plus.

36.

L'intelligence des animaux est circonscrite
dans une sphère unique, celle du monde extérieur ; tandis que l'intelligence de l'homme se
meut dans une triple sphère. Par les sens, elle
est en rapport avec le monde extérieur ; par la
conscience, avec l'homme lui-même, et par les
idées intuitives avec Dieu.

37.

Les limites de l'intelligence des animaux sont
celles de leurs besoins matériels. Chez l'homme,
l'intelligence domine la matière et la maîtrise.

C'est plus haut qu'elle s'adresse, et sa portée est indéfinie. Elle se réfléchit sur elle-même; elle est son propre flambeau, et s'égale à la majesté de l'univers.*

38.

L'intelligence vient en aide à l'instinct; mais son action n'est ni aussi continue ni aussi impérieuse que celle de l'instinct. Ses actes sont essentiellement libres, et se manifestent comme s'ils étaient tenus en réserve. C'est un auxiliaire important qui n'agit que quand on sollicite son concours.

39.

L'instinct donne lieu à des actes réguliers, circonscrits dans des limites infranchissables; l'intelligence, soumise à la volonté, produit des actes nombreux et indéfiniment variés.

40.

L'intelligence humaine et l'intelligence des animaux sont donc toutes les deux perfectibles par l'éducation; mais l'une perfectionne l'espèce par les individus, et l'autre laisse passer les individus sans agir sur l'espèce. La première s'aide de la raison, la seconde s'appuie sur l'instinct.

---

* *Majestati naturæ par ingenium*, a-t-on dit en parlant de l'intelligence de Buffon.

41.

On peut dire que l'intelligence de l'homme s'étend à l'espèce tout entière et que celle de l'animal est tout individuelle.

L'homme hérite de l'homme.

L'animal n'hérite pas de l'animal; il ne sait pas qu'il est né; il ignore qu'il doit mourir, et ressemble à ces planètes qui roulent au-dessus de nos têtes sans qu'elles sachent où elles vont et combien de temps elles iront. La route leur a été tracée, et elles la suivent à leur insu.

42.

Plus un animal a d'intelligence, et plus il a de liberté; l'instinct donne lieu à une observation entièrement contraire; plus il acquiert de puissance, et plus l'animal est esclave.

43.

L'homme fait acte d'intelligence en évitant la mort, puisqu'il sait qu'il doit mourir. L'animal, en veillant à sa conservation, fait seulement œuvre d'instinct, puisqu'il marche en aveugle dans la vie.

44.

L'intelligence élevée de l'homme fait de chaque individualité une création distincte, ayant ses tendances, ses habitudes, ses qualités et ses défauts. Comme elle donne la liberté, elle isole; tandis que l'instinct, au contraire, fait disparaître l'individu pour le soumettre à un seul type. Tous les castors et toutes les abeilles ont une vie absolument pareille, et peuvent être regardés comme les unités d'un même tout. Ainsi considérée, l'espèce ne s'élève pas, chez les animaux, au-dessus de la valeur individuelle, tandis que chez l'homme, l'individu atteint à la valeur de l'espèce.

45.

L'instinct apprend à éviter la mort; l'intelligence, éclairée par la raison, apprend à savoir qu'on doit mourir.

Quoique les animaux ignorent qu'ils doivent mourir, on les voit cependant chercher un réduit solitaire pour y rendre le dernier soupir. Il semble que la lumière du jour soit en désaccord avec la mort, et que les ténèbres seules s'harmonisent avec elle.

46.

Seul entre tous, le premier homme vécut de son intelligence propre; ses successeurs s'aidèrent de l'intelligence des autres hommes pour ajouter à la leur et la perfectionner.

47.

Dieu, en le jetant faible et nu sur la terre, a voulu qu'il dût tout à lui-même. Il lui a dit : «aide-toi,» et l'homme s'est aidé. Constamment ramené à la certitude d'une grande insuffisance physique, il a compris qu'il devrait tout à son intelligence, et il s'est appliqué à la développer ; mais ses efforts eussent été vains, si Dieu, qui voulait en faire sa créature de prédilection, ne lui eût permis de la transmettre et de la développer par la *parole*.

3. Voix et parole.

48.

Les philosophes ont heureusement exprimé que la parole n'était pas l'œuvre seule de notre intelligence, aidée de nos organes ; ils ont dit qu'elle était un don. [5] En effet, le perroquet articule des mots, et il ne parle pas ; pourtant il a l'organe. Le chien ne peut parler, et cependant il a l'intelligence.

49.

Beaucoup se sont évertués à chercher comment les *langues* se sont formées, et n'ont pu y parvenir. C'est que la parole, comme l'instinct de la conservation et de la reproduction, était dans les desseins de Dieu. Il a voulu que l'homme parlât, et l'homme a parlé.

50.

On voit des chiens exprimer leurs sensations, surtout les sentiments affectueux, par des cris inarticulés, mais expressifs, au point de donner à ceux qui les entendent, l'intelligence de ce qu'ils éprouvent. Ils font, comme les muets, des efforts surnaturels pour se faire comprendre.

51.

La parole fait de l'homme un être distinct. Les animaux qui se rapprochent le plus de nous par leur organisation physique, sont tout aussi bien privés de la parole que ceux qui s'en éloignent le plus. Un abîme sans fond les sépare de l'homme. Sous le point de vue de la perfectibilité, parler ou ne pouvoir parler, c'est être ou n'être pas.

52.

L'animal comprend, l'homme comprend et se fait comprendre.

53.

On peut admettre que parmi les animaux, il en est plusieurs qui ne sont stationnaires en intelligence que parce que la parole leur a été refusée. Supposez qu'elle ait été donnée à l'éléphant ou au chien, et vous ne pourrez vous dispenser d'admettre la possibilité de leur perfectionnement dans des limites assez étendues.

54.

L'intelligence, même chez les animaux où elle se montre très-bornée, est de nature expansive et demande à se produire au dehors.

55.

A défaut de la voix, certains animaux ont le signe*. Les insectes paraissent se donner des avertissements en rapprochant leurs têtes et en se touchant avec leurs antennes.

56.

Non-seulement la plupart des animaux ont la voix et le signe, mais encore le geste et la pose. Ils se servent en outre d'une mimique simple et cependant expressive. Le chat qui veut obtenir quelque pitance fait le gros dos et tourne autour de vous; le chien appelle sur lui l'attention et vous touche de la patte; le cheval gratte la terre et témoigne ainsi que le repos l'ennuie.

---

* Contrairement à l'opinion de DESCARTES (Disc. sur la méth., 5.ᶜ partie).

Dans la saison des amours, les oiseaux, désireux de plaire à leur femelle, étalent la richesse de leurs plumes, font la roue et battent des ailes.

57.

Tous les animaux qui ont une voix s'en servent et la modulent. S'ils pouvaient parler, ils parleraient; mais leur intelligence ne peut aller jusque là.

58.

La voix des animaux ne consiste pas en vains sons privés de toute signification. Les mammifères et les oiseaux s'appellent et s'avertissent. Ils ont des cris de désir, de crainte, de plaisir et de colère : c'est bruyamment qu'ils se livrent à l'amour et s'excitent au combat.

59.

La voix des animaux exprimant des émotions vives n'est qu'une suite d'interjections; ce sont elles qui, chez l'homme primitif, préludèrent aux langues les plus savantes.

60.

Cette voix est en rapport avec l'intelligence et vient en aide à l'instinct, comme la parole vient au secours de la raison chez l'homme. Elle est à

l'intelligence des animaux ce que la parole accen-
tuée est à l'intelligence humaine.[6]

61.

L'éducabilité chez les animaux agit si puissamment qu'elle va jusqu'à changer la voix : le
chien devenu sauvage n'aboie plus, il hurle; le
loup, apprivoisé, ne hurle plus, il aboie et
tourne au chien; mais celui-ci, devenu libre,
conserve toujours la tendance qui le rapproche
de nous; la moindre caresse le subjugue et suffit
pour le faire revenir à l'homme.

4. Éducabilité et domesticité.

62.

Pour perfectionner l'intelligence humaine, il
faut agir sur le moral; pour développer celle de
l'animal, agir sur le physique. Dans le premier cas,
il faut persuader; dans le second, contraindre et
faire naître de nouveaux besoins; mais il est encore des moyens plus doux et tout aussi efficaces.

63.

Les caresses de l'homme, auxquelles les animaux se montrent si sensibles, agissent comme
la fascination en paralysant les forces et jusqu'à
la volonté de l'animal qui les reçoit.

64.

De ce qu'un animal n'est pas éducable, il ne faut pas se hâter de conclure qu'il est inintelligent; mais seulement qu'il se refuse à l'éducation. Il est des animaux nés pour la liberté qui conservent leur caractère natif; on les dit farouches, et ils ne sont qu'indépendants.

65.

L'éducation développe l'intelligence en affaiblissant l'instinct. Les sauvages, moins intelligents que l'homme civilisé, ont un instinct plus sûr et plus étendu. On voit, si nous cherchons plus bas nos exemples, le lapin domestique perdre l'instinct qui lui fait, à l'état de liberté, se creuser des terriers; le sanglier s'abrutit dans la basse-cour; le bœuf devient lourd et stupide, etc.

66.

Quand l'homme fait un animal intelligent, il le façonne et lui transmet une partie de son intelligence propre. C'est donc presque toujours une faculté communiquée dont il est doté, et non une faculté originelle développée. Ce n'est pas un perfectionnement que nous opérons, c'est une transformation.

67.

Les animaux qui, à l'état sauvage, vivent en
société, sont ceux que l'homme réduit le plus
facilement *à la domesticité*. Cependant, cette
observation n'est vraie que d'une manière générale. Le chat et le cochon qui proviennent d'espèces non sociables, ont facilement accepté la servitude, et le taureau qui vivait en troupe dans
nos forêts, se soumet si difficilement à l'homme
qu'il faut souvent le mutiler pour le dompter
complétement. Il en est de même du bison, du
buffle, du bélier et souvent même du cheval.

68.

On a établi* que le chat n'était pas un animal
domestique, sans trop expliquer ce qu'on doit
entendre par domesticité. Pour nous, la domesticité consiste à changer les habitudes d'un animal, à lui rendre nos caresses agréables, à le faire
obéir à notre appel, à le fixer au foyer domestique ou du moins à le faire vivre au milieu de
nous. Le chien et le cheval sont nos esclaves; le
chat ne l'est pas; c'est là toute la différence qui
les sépare. Si l'on voulait en faire une exception,
il faudrait ne plus regarder comme domestiques

---

* FLOURENS, ouvr. cité, p. 102.

le cochon, les oiseaux de nos basses-cours, le
lapin, le pigeon, ainsi que nos ruminants, plus
effrayés de notre présence que dociles à notre
appel, à moins que le besoin de l'alimentation ne
les contraigne impérieusement à l'obéissance; et
l'on arriverait à décider que le chien seul mérite
le nom d'animal domestique; en effet, seul il fait
partie de la famille; c'est un ami. Le cheval est
un compagnon; l'éléphant un esclave; l'âne, le
chameau, le renne, ne sont que des serviteurs
laborieux; le chat est un hôte. Le reste, exploité
suivant nos besoins, est un bétail qui vit ou qui
meurt suivant ce que nous en décidons.

69.

Un *animal domestique* l'est au même titre
que les parents dont il est né. L'esclavage lui a
été transmis comme héritage.

Un *animal apprivoisé* est celui qui, étant né
indépendant, est dompté par l'homme. Il se soumet et change ses mœurs, quoique bien près de
reprendre ses habitudes de liberté.

70.

L'apprivoisement, transmis par plusieurs générations successives, donne lieu à la domesticité, et l'homme n'a plus besoin d'agir que pour
dresser l'animal au genre de service qu'il en at-

tend. On apprivoise le loup, le lion, le tigre; on dresse le chien, le cheval, l'éléphant, le chameau.

71.

Un animal domestique, et qui l'est depuis un grand nombre de générations, n'a plus aucun instinct de liberté; tels sont le chien, le bœuf, le bélier. Un animal simplement apprivoisé est toujours à la veille de revenir à la vie sauvage, qui est pour lui la condition normale; exemples : le loup, l'hyène, le cheval.

72.

Les animaux sauvages, dans leur contact avec les espèces domestiques ou apprivoisées, exercent des manœuvres et essaient la séduction pour les ramener à eux. Cette sorte de propagande réussit quelquefois; elle a été constatée sur le cheval dans l'Amérique méridionale, et sur quelques oiseaux de nos basses-cours en Europe.

73.

Ce que l'homme ajoute à l'intelligence des animaux par l'éducation, est un superflu dont ils se débarrassent en reprenant leur liberté.

74.

Quoiqu'il soit vrai de dire que les animaux ne se perfectionnent pas seuls et d'eux-mêmes, on doit cependant admettre certaines modifications, résultant pour eux d'une vie commune. Les pachydermes et plusieurs autres animaux se donnent des chefs et leur obéissent; ils savent combiner une défense, protéger ceux d'entre eux qui sont jeunes ou faibles. Ils apprennent à se sauvegarder, en plaçant, sur une hauteur, des sentinelles, qui les préviennent par des cris de l'approche du danger.

Les vieux animaux sont plus rusés et plus habiles que les jeunes. L'oiseau qui construit son nid pour la seconde fois, le fait bien mieux que la première.

75.

Plusieurs animaux, surtout ceux qui vivent de chasse, s'occupent à dresser leurs petits; le chat apprend aux siens à prendre des souris; beaucoup d'oiseaux exercent leur nichée à voler, avant de lui faire quitter définitivement le nid. Les faucons et les éperviers donnent à leurs petits des leçons graduées, dans l'art de fondre sur une proie et de la saisir*. Qui oserait soutenir que ce sont là des actes purement instinctifs?

---

* Dureau de la Malle, Ann. des sciences nat., t. XXII, p. 406.

5. Sentiments affectifs chez les animaux.

76.

L'instinct de conservation, considéré dans la série animale tout entière, se montre encore très-développé, que déjà depuis longtemps celui de reproduction, et les sentiments qui s'y rattachent, sont éteints. La sollicitude et la tendresse des mères ne sont pas seulement œuvre d'instinct : l'intelligence y prend part; et quand cette tendresse s'abolit ou s'efface, on voit tout à la fois l'instinct et l'intelligence s'affaiblir, et disparaître en même temps qu'elle.

77.

L'instinct qui veille sur la conservation de l'individu, se tait, quand se montre l'instinct qui veille sur la race. L'un connaît la crainte, l'autre ne la connaît pas. La femelle d'un animal, en présence du danger qui la menace, fuit, même quand elle pourrait soutenir l'agression, lorsqu'elle n'a point à défendre ses petits; mais si elle en est entourée, aussitôt elle combat. De timide qu'elle était, elle se fait audacieuse, et se précipite aveuglément sur son ennemi, sans calculer les chances que sa faiblesse laisse à son courage.

78.

Dans les mammifères, les sentiments affectifs attachent bien plus fortement la mère à ses petits et ceux-ci à leur mère, que le père à ses petits et les petits au père. L'ours, le lion, le tigre, ainsi que plusieurs rongeurs, dévorent leurs petits, et les femelles sont obligées de les soustraire à la voracité des mâles, ou même de les défendre contre eux. Il y a, dans ce fait, aberration de l'instinct qui méconnaît non-seulement l'espèce, considérée d'une manière générale, mais encore l'espèce ramenée à sa source par la génération directe. Les oiseaux échappent à cette perturbation des instincts naturels ; sans doute à cause de la nécessité de l'incubation, à laquelle participent les pères et les mères.

79.

Dans les poissons et les reptiles, ces sentiments s'effacent ou tendent à s'effacer. On les voit se réveiller chez les insectes pour disparaître complétement dans les mollusques et les rayonnés.

80.

L'attachement que les animaux ressentent pour l'homme, est uniquement le résultat de l'éducation qu'il leur donne. Dans l'état de liberté, il n'est pas une seule créature vivante qui ne s'effraye de sa présence, et tout ce qu'il a pu obtenir des animaux, dans les pays où il apparaissait pour la première fois, était de ne pas les voir immédiatement prendre la fuite à son aspect.[7]

81.

L'affection, que des animaux d'espèce différente montrent les uns pour les autres, est le résultat d'une captivité ou d'une domesticité communes. C'est ainsi que, contrairement à leurs instincts, des perroquets vivent en bonne intelligence avec des chiens ou des chats, et que ces derniers, réunis au foyer domestique, s'endorment dans une douce étreinte comme de bons camarades.

Il n'est pas impossible qu'il y ait dans l'ordre naturel, des exemples de cette affection croisée. On dit que la marmotte des prairies* et le hibou cuniculaire en offrent un exemple; mais cette assertion demande à être confirmée.[8]

6. Agents de l'intelligence. Sens.

82.

L'intelligence a besoin, pour se manifester, d'être secondée par l'organisation.

---

* Le premier de ces animaux est le *Spermophilus socialis* de DESMAREST; le second, le *Strix cunicularius* de VIEILLOT.

La main du singe le met en communauté de geste et d'action avec l'homme.

Le phoque et la baleine, dont les extrémités sont cachées plus ou moins complétement sous une peau épaisse, ont de l'intelligence, mais ne peuvent· la rendre évidente que par des actes extrêmement bornés.

83.

Il ne suffit donc pas que le développement de la masse cérébrale soit considérable, pour que l'intelligence éclate et brille : il faut encore qu'elle ait des·agents qui la secondent.

84.

«Les organes des bêtes ont besoin de quelque particulière disposition pour chaque action particulière», a dit Descartes *. Cette observation est juste ; seulement on s'étonne, en étudiant ces instruments naturels, si remarquables par leur simplicité, des résultats merveilleux obtenus, qui laissent encore sans explication la prodigieuse régularité à laquelle ils atteignent.

85.

C'est que les animaux ne sont guère autre chose que des instruments. Dieu opère par eux et pour eux. L'homme est artiste et ouvrier en

---

* Discours sur la méthode, 5.ᵉ partie.

même temps; il peut faire mal, faire mieux, faire bien. L'animal fait toujours bien; ni mieux, ni plus mal.

86.

Cependant, depuis que nous avons inventé la machine, et que la mécanique s'est en quelque sorte substituée à l'instinct, dans la régularité de son action; depuis enfin qu'elle a créé la bête moins la vie: les produits de l'industrie humaine, comme ceux des animaux, sont des résultats prévus et rigoureusement déterminés dans leur forme.

87.

La symétrie de l'organisme accompagne toujours l'instinct et l'intelligence. Les animaux non-symétriques sont stupides et inintelligents.

88.

L'animal, a-t-on dit avec raison, ne voit pas par l'œil, mais par l'intelligence; or, ce qui est accordé à la vue ne saurait être refusé à aucun des autres sens. L'oreille, par exemple, n'est pas une harpe éolienne, qui vibre suivant les caprices du vent; c'est un instrument tout aussi merveilleux que l'œil, et qui fonctionne dans un même but; aussi pouvons-nous dire à notre tour, ce n'est pas avec l'oreille que l'animal entend, mais avec l'intelligence. [9]

89.

Les sens, en effet, donnent la sensation, et celle-ci n'est perçue que pour être appréciée; or toute appréciation est acte d'intelligence. Ajoutons que les sens donnent la notion pour qu'elle soit appliquée, et que c'est dans l'application de la notion acquise que consiste surtout l'intelligence.

90.

Tous les animaux qui ont des sens (nous n'exceptons que le toucher passif), sont des êtres intelligents. Jouir de l'indépendance de ses actes; marcher, s'arrêter, marcher de nouveau, entendre un cri d'appel, y répondre : c'est avoir une volonté propre, en dehors de l'instinct. Un oiseau ou un insecte fait son nid : sans doute il obéit à l'instinct; mais il cherche un lieu convenable pour le mettre en sûreté, il rassemble des matériaux de construction, et dès lors l'animal fait œuvre d'intelligence.

91.

Les sens ne sont pas développés au même degré chez tous les animaux.[10]

Les mammifères ont surtout l'odorat, les oiseaux la vue, les reptiles l'ouïe.

92.

Quoique certains sens semblent plus étendus chez certains animaux que chez l'homme, celui-ci sait en tirer un meilleur parti, l'intelligence lui venant en aide, pour lui rendre faciles les appréciations auxquelles ces sens donnent lieu.[11]

Il a surtout le toucher, qu'on pourrait appeler le sens humain, parce qu'il exige plus qu'aucun autre d'être réglé par le jugement et par la comparaison.

On a écrit* que le goût était beaucoup plus parfait chez les autres mammifères que chez l'homme ; nous ne croyons pas qu'il en soit ainsi. Ils sont plutôt voraces que bons appréciateurs des saveurs. Les animaux dévorent et se repaissent : l'homme mange et il sait manger.**

93.

L'appareil sensitif est d'autant plus développé que les animaux sont plus intelligents***. Les sens se dégradent et s'abolissent peu à peu, en passant des mammifères aux rayonnés : organisations simples, qui unissent le règne animal et le règne végétal, et qui participent de l'un et de l'autre.

---

* FRÉD. CUVIER.

** BRILLAT SAVARIN, Aphorismes.

*** Ce qui équivaut à dire que l'homme doit être placé à la tête des êtres sensitifs.

7. Habitude.

94.

L'habitude fait, dit-on, passer un acte intelligent à l'état d'acte instinctif; mais il faut que l'intelligence agisse d'abord. Ainsi considérée, l'habitude, du moins quand elle s'établit, appartiendrait bien moins à l'instinct qu'à l'intelligence.[12]

95.

L'habitude change l'homme en une sorte d'automate, qui agit sans pensée et même sans instinct. On connaît cette réponse d'un copiste, qui, ayant transcrit un libelle, déclarait naïvement, pour se justifier, ne pas l'avoir lu. Un acte habituel n'appartient ni à l'instinct, ni à l'intelligence; il est la négation de l'un et de l'autre.

8. De l'âme chez les animaux.

96.

Si l'on veut définir l'âme, le principe régulateur des actes de la vie individuelle, le souffle, le mouvement volontaire, la perception des sensations : l'homme et les animaux ont une âme et une âme de même nature.

Mais si l'on donne à cette âme la connaissance d'elle-même, la liberté d'action, la responsabilité et la moralité de ses actes, on ne peut plus la reconnaître que chez l'homme.

97.

Ainsi donc, s'il peut sembler rationnel de reconnaître qu'il n'y a qu'une seule intelligence, pour l'homme et les animaux, quoique fort différente dans ses manifestations, il ne l'est plus de comprendre sous un même terme, l'âme de l'homme et celle des animaux. Chez ceux-ci la vie est régie par une faible intelligence et beaucoup d'instinct; chez l'autre elle est éclairée par l'intelligence et soumise à la raison.

98.

Dire que l'âme des animaux est à l'âme de l'homme ce que leur intelligence est à la nôtre, paraît inadmissible. Nous vivons dans le passé et dans le présent, et nous devançons l'avenir. Ce que nous avons fait, règle souvent ce que nous devons faire; et nous décidons à l'avance ce que nous ferons à des époques déterminées, encore bien éloignées.

99.

L'âme des animaux, ne pouvant dominer la matière, ne saurait en être séparée comme distincte. Elle ne les met en rapport qu'avec euxmêmes. Le livre de l'univers leur est fermé; ils ne croient rien, ne discutent rien, ne demandent et n'espèrent rien. Non-seulement cette âme est dans les ténèbres, mais encore elle ignore que la lumière existe.[13]

100.

Il est de l'essence de l'âme humaine de se connaître; elle a pour juge la conscience, et pour supplice le remords. Unie au corps pour un temps, elle sait qu'elle doit un jour en être séparée; c'est l'hôte immortel d'une prison d'argile.

101.

L'homme est vertueux ou criminel sciemment. Ses actes lui sont imputables, car il peut les juger; il est libre, l'animal ne l'est pas complétement.

102.

Il est le seul être vivant qui, dès sa naissance, se trouve face à face avec la mort, sans doute

pour qu'il apprenne à faire un bon usage de la
vie; le seul qui sache qu'il doit mourir; le seul
à qui Dieu soit manifeste par ses œuvres; le seul
enfin qui ait une âme et qui la sente en lui. Ces
révélations seraient un châtiment, si elles ne s'é-
levaient à la hauteur d'une promesse.

9. L'instinct et l'intelligence sont-ils en rapport de développement avec les classifications zoologiques?

103.

Lorsque les naturalistes parlent de l'instinct et
de l'intelligence des animaux, ils se préoccupent
particulièrement des mammifères, dont l'organisation est plus rapprochée de la nôtre. Ne pas
être couvert de poils, mais de plumes; avoir un
squelette extérieur et non intérieur, un système
nerveux ganglionnaire, au lieu d'un axe cérébro-
spinal, sont, pour les animaux ainsi conformés,
des conditions fâcheuses, qui disposent à mal juger
de leur intelligence.

104.

Faisons d'abord remarquer que l'instinct, étant
une propriété, tend à l'universalité; tandis que
l'intelligence, qui est une faculté, ne se montre

que chez un petit nombre d'animaux, et à des
degrés différents pour tous. On ne la voit se gé-
néraliser dans aucun embranchement, dans aucune classe, dans aucun ordre ; elle cherche à
s'équilibrer dans le genre, sans pouvoir y atteindre. Il y a une intelligence propre à l'espèce
et même à l'individu ; une intelligence *native* et
une intelligence *acquise*. L'instinct ne donne lieu
à aucune remarque analogue. Son caractère est
d'être immuable, et d'échapper à tout perfectionnement.

105.

L'intelligence *native* des animaux est encore
incomplétement connue. Elle vient surtout en
aide à l'instinct de conservation, et donne la prudence que chez eux nous qualifions de méfiance,
et la ruse, qui peut être regardée comme l'esprit
des animaux. Les insectes contrefont les morts,
le chevreuil et le renard savent faire perdre la
piste aux chiens qui les poursuivent. L'ours est
circonspect ; le lion, le tigre et la panthère, ont,
à un très-haut point, les deux principales qualités
du chasseur : la patience, et la possibilité des
longues abstinences. Les grands herbivores ne
sont pas entièrement privés d'intelligence native,
mais chez eux elle est peu étendue.

106.

L'éducation ne crée pas l'intelligence ; elle ne fait que la développer. Tout animal éducable montre des traces évidentes d'une intelligence qui dans l'état de nature reste en germe ; mais comme l'intelligence *acquise* ne vient pas de lui seul, elle ne peut servir de base d'appréciation. L'intelligence *native*, mieux connue, permettait seule de les juger équitablement et pour ce qu'ils valent par eux-mêmes, en dehors de toute influence étrangère.

107.

En agissant sur les animaux, l'homme a obtenu des résultats fort différents. Il a *soumis* le taureau, *abruti* le sanglier, *perfectionné* le chien et le cheval, *adopté* le chat ; il s'est *approprié* l'abeille et le ver à soie, et sa basse-cour renferme des captifs qui reçoivent de lui l'abri et la nourriture en compensation de leur esclavage. Bien plus, il a changé les formes et augmenté les proportions normales ; il fait des animaux gras et des animaux maigres, des variétés naines et des variétés géantes. Loin de s'arrêter à ces transformations physiques, il a modifié le caractère des animaux, à ce point qu'il a pu donner au chien les mœurs féroces du loup, et à celui-ci quelque chose des sentiments affectifs du chien.

108.

Dieu, qui est tout intelligence, a fait l'espèce, et il la maintient. L'homme n'a pu atteindre qu'à la variété : création incomplète comme son intelligence, et que cependant il peut perpétuer, s'il y trouve ses avantages.

109.

Néanmoins nous ne parvenons jamais à changer complétement les animaux : le bœuf garde toujours quelque chose de la brutalité de sa nature; l'éléphant, s'il s'échappe, revient à la vie sauvage; le chien se montre, quoique très-rarement, carnassier comme le loup, et le chat le mieux apprivoisé, nous rappelle de temps en temps l'étroite parenté qui l'unit au tigre. Le cheval lui-même, que la nature a fait, comme tous les êtres, pour vivre indépendant, s'irrite du frein qui arrête son essor, et ses hennissements sont un appel à la liberté.

110.

L'échelle organique des êtres, établie par Cuvier, n'est pas en rapport rigoureux avec ce que nous savons de leur intelligence. Il est des mammifères qui sont inférieurs à beaucoup d'oiseaux, et des insectes fort supérieurs à quelques-uns de ces derniers. Les mollusques, qui constituent le second embranchement, sont apathiques au même

degré que les rayonnés. Malgré ces remarques
on peut essayer de coordonner, comme il suit,
les principales divisions du règne animal :

Mammifères.

Oiseaux.

Insectes.

Arachnides.

Crustacés.

Reptiles.

Poissons.

Annélides.

Mollusques.

Rayonnés.

111.

Il ne faut pas, au reste, attribuer à cette clas-
sification plus d'importance qu'elle ne peut et ne
doit en avoir. Chaque ordre, considéré au point
de vue de la capacité intellectuelle des animaux
qu'il renferme, a son échelle particulière, et il
en est de même de chaque famille et de chaque
genre. Du chien à la baleine, du perroquet au
pingouin, de l'abeille au hanneton, les distances
sont immenses et les intermédiaires nombreux.
Il en sera de même, si l'on compare entre eux
les animaux des autres embranchements ; et il
demeurera prouvé que la fourmi et l'abeille sont
supérieures au dauphin et au tatou, et qu'elles
l'emportent de beaucoup sur les reptiles et les
mollusques. "

112.

L'échelle d'instinct laisse beaucoup moins d'incertitude et de vague ; mais l'une et l'autre se terminent par des classes négatives, c'est-à-dire chez lesquelles l'instinct et l'intelligence semblent abolis. Voici comment on peut les coordonner :

Insectes.
Oiseaux.
Mammifères.
Arachnides.
Crustacés.
Reptiles.
Poissons.
Annélides.
Mollusques.
Rayonnés.

113.

Ainsi les insectes seraient, de tous les êtres, ceux qui ont le plus d'instinct, et les vertébrés, ceux chez lesquels l'intelligence s'élèverait davantage. Toutefois il nous sera facile de prouver que les uns et les autres ont de l'intelligence, et qu'elle n'est pas plus le partage exclusif des animaux pourvus d'un système cérébro-spinal que de ceux qui ont un système nerveux ganglionnaire.[15]

10. De l'encéphale comme régulateur de l'intelligence.

114.

Le cerveau est le régulateur de l'intelligence des animaux ; le cervelet préside au mouvement. Ces faits sont acquis à la science ; mais si l'on connaît bien le mode général d'action de ces deux parties fondamentales de la masse cérébrale, on ne peut expliquer par elles, d'une manière satisfaisante, en appréciant la forme, le volume, la consistance ou le poids, les différences qui séparent les animaux en intelligents et en stupides, en agiles ou en apathiques.

115.

Pour faire passer à l'état de lois organiques, les modifications que présente la masse cérébrale, considérée dans toute la série animale, il faudrait que les animaux de même ordre, de même famille et de même genre, ayant une intelligence différente, ici plus faible, là plus forte, eussent un cerveau modifié d'après l'étendue de leur capacité relative. Il faudrait, par exemple, que le cerveau du loup fût différent de celui du chien ; celui du renne, différent de celui du cerf ; celui du cheval, différent de celui du zèbre, etc. Il faudrait encore que le cerveau des oiseaux se rapprochât de celui des mammifères, avec lesquels ils rivalisent d'intelligence, après les avoir surpassés en instinct ; or ni ces différences, ni ces analogies n'existent, et vainement les chercherait-on.

116.

Enfin, le cerveau des reptiles et celui des oiseaux ont plusieurs caractères communs, sans qu'il y ait, à beaucoup près, parité d'intelligence.

117.

Les physiologistes ont invoqué tour à tour le *volume* ou la *consistance* de la masse cérébrale ; le *nombre de ses circonvolutions* et le *rapport existant entre cette même masse et celle du corps.*[16] Nous ne croyons pas sans quelque hésitation à ces lois harmoniques * et voici les faits qui semblent les infirmer.

118.

Le *volume du cerveau* est plus considérable chez les petits animaux que chez les grands, et parmi eux les rongeurs sont au premier rang.

---

* Contre l'opinion de F. Cuvier, cité par M. Flourens, p. 38.

Les pachydermes ont, comparativement à leur volume, un cerveau extrêmement petit. Le maximum du volume de cet organe, comparé à celui du corps, se trouve chez les oiseaux. Voici quelques chiffres : Le poids du cerveau chez la mésange, est à celui de son corps comme 1 est à 12; chez le serin comme 1 est à 14; chez l'homme comme 1 est à 28; chez la souris comme 1 est à 43; chez le chien comme 1 est à 129; chez le cheval comme 1 est à 400.*

119.

Le nombre des *circonvolutions du cerveau* ne paraît pas être plus concluant; car il est bien plus élevé chez le dauphin que chez l'homme, et plus considérable chez la fouine et la loutre que chez le chien et le chat.

120.

Le rapport du cerveau au cervelet ne fournit pas des données plus sûres; car il est comme 1 est à 9 chez l'homme et le bœuf; comme 1 est à 7 chez le cheval et le sanglier; comme 1 est à 2 chez la souris, et comme 1 est à 14 chez le saïmiri.

---

* Tous ces exemples et ceux qui suivent sont empruntés à l'Anatomie comparée de CUVIER, t. II, p. 77 et suiv., seconde édition.

On ne peut non plus rien conclure de *la lar-geur de la moelle, comparée à celle du cerveau;* cette dimension étant chez l'homme comme **1** est à 7; chez l'orang-outang comme **1** est à 6; chez le chevreuil comme **1** est à 3 ; chez le dau-phin comme **1** est à 18.

Ainsi semblent invalidées des lois spécieuses, défendues avec infiniment d'art et d'habileté par des naturalistes aux vues larges et profondes.

121.

Si nous passons des animaux ayant un axe cérébro-spinal, aux animaux ganglionnaires, c'est-à-dire des vertébrés aux articulés, nous ne ver-rons pas, en présence d'une modification aussi considérable de l'appareil nerveux, s'abolir com-plétement l'intelligence.

122.

On n'a pas, que nous sachions, cherché à s'as-surer, par des expériences directes, des rapports physiologiques existant entre le ganglion cépha-lique ou cervical des articulés ou des mollusques, et le cerveau ou cervelet des vertébrés ; entre la moelle épinière de ceux-ci et les ganglions situés sur la ligne médiane de ceux-là. Voici ce qui a été observé chez les insectes.

123.

Si l'on traverse la tête d'une mouche avec une épingle, vers le point qui s'articule avec le corselet, l'insecte perd aussitôt la faculté de voler; il tournoie sur lui-même en cercle, marchant de gauche à droite avec une grande vitesse. Quelques-uns de ces diptères reprennent leur vol au bout de quelques instants; mais ce vol est désordonné, et l'animal ne peut ni le diriger, ni le rendre continu.

124.

Des carabiques, traités de la même manière, se sont mis à tournoyer et ont perdu le pouvoir de se porter en avant. Plusieurs insectes ayant eu le corselet perforé au point d'attache des paires de pattes, ont eu paralysée la paire de pattes correspondante à la piqûre.

Des fourmis, soumises à des expériences de même nature, ont tournoyé rapidement sur elles-mêmes, en décrivant des cercles à très-petite circonférence; et lorsqu'elles grimpaient, c'était aussi en tournant. Quelques-unes marchaient à reculons; d'autres se roulaient en cercle, immobiles, quoique longtemps encore vivantes.

Divers autres insectes, abeilles, bourdons et guêpes, ont donné lieu à des phénomènes semblables. Quelques-uns de ces animaux, en rece-

vant la blessure, paraissaient comme frappés de
stupeur ; quelques autres ont été agités de mouvements convulsifs très-marqués.[17]

125.

Ne serait-on pas en droit de conclure de ces
expériences, que le ganglion cérébral des insectes
règle l'équilibration ou la coordination des mouvements de locomotion, comme le cervelet chez
les vertébrés, dont il serait l'analogue ? Peut-
être, alors, se rendrait-on compte de l'inintelli-
gence de la plupart des animaux ganglionnés, par
un encéphale réduit au cervelet, et privé du cerveau qui préside aux actes intelligents.[18]

Ces aperçus demandent la sanction expérimen-
tale, et sont présentés ici sous toutes réserves.

11. De la température du sang, et de l'alimentation, dans ses rapports avec l'intelligence.

126.

La température du sang des vertébrés les a
fait partager très-naturellement en deux grandes
classes : les vertébrés à sang chaud (mammifères
et oiseaux); les vertébrés à sang froid (reptiles et
poissons). Cette division, nettement tranchée, est

3

en rapport avec la puissance de l'instinct et l'é-
tendue de l'intelligence; elle convient donc à notre
sujet, et détermine l'ordre que nous avons à
suivre.

127.

Les vertébrés à sang chaud portent en eux le
principe de l'activité et du mouvement. L'appareil
respiratoire, source inépuisable de calorique, mo-
difie le sang et le régénère incessamment. Le
cœur pousse ce fluide nourricier à la périphérie
du corps, dont il pénètre toutes les parties; il
les anime et les excite. Jamais la vie ne languit,
jamais les fonctions ne se ralentissent, et l'animal
passe toujours de la jouissance au désir. Un besoin satisfait fait naître aussitôt un nouveau besoin, et la vie se poursuit dans l'accomplissement
d'actes nombreux, dont l'instinct trace les limites,
que l'intelligence seule a le pouvoir d'élargir.

128.

Les vertébrés à sang froid respirent, les uns
à l'aide d'un appareil pulmonaire, les autres avec
des branchies; et ces modifications profondes de
l'organisme influent considérablement sur eux.
Chez tous, la température du corps est dépen-
dante des milieux dans lesquels ils vivent. Leurs
besoins sont énergiques; mais, comme le sang
n'arrive au cerveau qu'avec lenteur, et qu'il y

arrive froid, l'intelligence reste endormie et les instincts se restreignent. Tels ne sont pas les mammifères ou les oiseaux.

129.

La nature a très-richement doté les mammifères. Ils sont chaudement vêtus, agiles, courageux, ardents. La voix leur a été donnée comme interprète de leurs passions et de leurs besoins. On peut les apprivoiser et les soumettre à la domesticité. Nos caresses les subjuguent, et notre voix est pour eux celle d'un maître qu'il faut servir ou craindre.

130.

L'homme excepté, les mammifères sont de tous les animaux ceux chez lesquels les sens gardent le mieux leur équilibre; le toucher n'agit que sur une surface peu étendue; la portée de la vue est médiocre, et le goût n'a pas une très-grande délicatesse; mais, surtout chez les espèces qui vivent du produit de leur chasse, la finesse de l'odorat est exquise.

131.

Le mode d'alimentation des mammifères, qui influe puissamment sur leur instinct et sur leur intelligence, mérite de nous occuper. Ils sont, comme on sait, carnivores, frugivores, ou herbivores.

132.

Les mammifères carnivores n'ont pas tous la force en partage. Ceux qui sont grands et robustes peuvent dédaigner la ruse et ne dépendre que d'eux [19]. Ils sont chasseurs, vivent isolés, et se font les tyrans d'une certaine étendue de territoire, que les animaux plus faibles ne pourraient envahir qu'à leurs dépens. Il en est de même des oiseaux de proie. Les carnivores de petite taille, incapables de lutter avec les grandes espèces, sont défiants, et peuvent se creuser des terriers. Ils chassent la nuit, et se retirent le jour dans des retraites souvent inaccessibles. Inférieurs par la force, mais supérieurs par l'instinct, ils peuvent se conserver entourés d'ennemis nombreux et redoutables.

133.

Les mammifères frugivores, pour la plupart arboricoles, savent par la ruse échapper à leurs ennemis. Dans les climats froids, où les arbres perdent leurs fruits en automne, ils amassent des provisions et savent se faire des nids de mousse. La nature leur a donné la prévoyance, et comme si elle eût craint que cette faculté instinctive ne les défendît pas suffisamment contre les causes de destruction qui les menacent, elle leur envoie le sommeil. L'hiver les engourdit, et au printemps

ils se réveillent quand s'ouvrent les bourgeons,
qui, comme eux, sont hibernants.

134.

Les herbivores, trouvant partout les plantes
dont ils se nourrissent, n'avaient pas besoin de
conquérir une proie par la force ou par la ruse. Ils
ont été armés pour la défense et non pour l'attaque.
Beaucoup d'entre eux vivent en troupes[20]. Quoiqu'il ait été facile de les réduire à la domesticité,
leurs sentiments affectifs ne se développent que
faiblement, et sont chez eux exceptionnels. L'instinct de maternité ne donne lieu qu'à un attachement de faible durée pour les petits, qui,
n'étant pas obligés de chercher leur nourriture,
peuvent de très-bonne heure se passer de protection. Comme il en est tout autrement des animaux chasseurs, les sentiments affectifs doivent
être, et sont en effet plus forts et plus durables.

III. Appréciation de l'instinct et de l'intelligence dans la série zoologique.

1. Considérations générales.

135.

Nous avons cherché à établir précédemment[*] que l'intelligence est un don inégalement réparti entre les animaux, sans distinction d'ordre, ni de classe. Il nous sera facile de prouver cette assertion par des exemples.

136.

Les groupes naturels zoologiques n'ont de valeur réelle qu'au point de vue de l'organisme; ils ne donnent aucune idée vraie de l'instinct, et moins encore de l'intelligence des animaux. Toutes les classifications sont artificielles, quoiqu'on en dise, et il n'y a de bien constaté que l'espèce; aussi est-ce à elle seule que l'on doit s'adresser pour apprécier les animaux.

137.

Les grandes intelligences font exception dans chaque ordre : le chimpanzé et le pongo, parmi

---

[*] Prop. 104.

les quadrumanes ; le chien et le chat parmi les
carnassiers ; le cheval et l'éléphant parmi les pachydermes ; le chameau et le renne parmi les
ruminants. Les rongeurs seuls semblent inférieurs
aux autres ; encore ne sont-ils pas, comme nous
le verrons, aussi complétement deshérités qu'on
semble le croire.

138.

Pour décider que les quadrumanes sont plus
intelligents que les carnassiers ; ceux-ci plus que
les pachydermes ; les pachydermes plus que les
ruminants ; il faudrait que le quadrumane le moins
intelligent, le fût cependant plus que le premier
des carnassiers ; le dernier des carnassiers, plus
que le premier des pachydermes, etc. S'il en était
ainsi, il y aurait réellement pour les ordres, et
même pour les classes, ainsi que pour les embranchements, une sorte d'échelle graduée, qui
permettrait des idées d'ensemble et des vues
théoriques ; mais rien de pareil n'existe.

139.

S'il est bien vrai de reconnaître que deux ou
trois espèces de singes ont autant ou plus d'intelligence que les deux ou trois carnassiers qui en
montrent le plus ; s'il est juste de convenir que
deux pachydermes sont égaux, ou même supérieurs, aux deux ruminants les plus intelligents ;

on ne peut se dispenser d'admettre que, considérés en masse, les quadrumanes, les carnassiers, les pachydermes et les ruminants, ne diffèrent guère; s'élevant au même degré d'intelligence chez certains d'entre eux, pour descendre jusqu'à l'abrutissement le plus complet chez certains autres.

140.

Il résulte des propositions précédentes que la plupart des appréciations relatives à l'instinct et à l'intelligence des animaux, trop souvent généralisées, sont établies, dans chaque ordre, sur des organisations d'élite, et doivent être conséquemment regardées comme exceptionnelles.

2. De l'homme considéré à l'état de nature.[21]

141.

Quoique l'*homme* soit supérieur à tous les êtres créés, et que la dignité de sa nature puisse rigoureusement le mettre en dehors du cadre que nous allons essayer de remplir, c'est par lui que nous commencerons nos appréciations générales. Nous ne le voyons plus aujourd'hui tel qu'il fut, ou du moins tel qu'il put être. Les morts profitent aux vivants, et chaque génération, en s'éteignant,

enrichit la génération qui lui succède. Nous allons
un instant le dépouiller de cet immense héritage,
et le supposer abandonné à ses propres instincts
sur une terre qu'il n'aurait pas encore conquise.

142.

Rappelons-nous d'abord que l'homme ne vaut
que par l'intelligence; dans l'état de nature, il
n'est guère qu'un être misérable[22], dont chaque
jour met la vie en péril et l'existence en problème.

143.

Il est destiné à vivre dans la plaine et à marcher
debout; la conformation de son pied en fait un
véritable plantigrade.

Courir sur le versant d'une montagne ou l'es-
calader, si la pente est rapide, le fatigue et le met
hors d'haleine. Il est l'animal qui saute le plus
lourdement, qui nage le plus mal; il ne sait pas
grimper, et tous les grands mammifères le dépas-
sent à la course.

144.

Il est aussi le moins bien armé de tous. Ses
ongles sont nus, larges, presque plats et sans
épaisseur. Ils se brisent avec une très-grande
facilité et deviennent alors bien plus incommodes
que vraiment utiles.

145.

Sa bouche est petite, et ne peut s'ouvrir assez pour faire des morsures profondes ou étendues; lorsqu'il veut s'en servir à titre offensif, son nez lui fait obstacle. Ses dents sont petites, et les canines, si redoutables chez les carnassiers, n'ont chez lui aucune prépondérance sur les autres.

146.

La seule arme naturelle qu'il ait reçue, ce sont ses poings; attachés à l'extrémité de longs bras et formés entièrement de parties osseuses, ils présentent de toutes parts des saillies anguleuses. Il les brandit avec force, et s'en sert comme de petites massues.

147.

Dans ses luttes avec les grands animaux, il faut qu'il triomphe ou qu'il meure; car il ne peut fuir. Il n'a de vivacité que par secousses; la gravité seule lui sied bien. Le calme est son état normal; sa figure n'est belle et noble que quand ses traits sont harmoniques.

148.

Peu d'animaux cependant osent l'attaquer, à moins qu'ils n'y soient poussés par la faim. Non qu'il soit défendu par la majesté de sa physionomie ou par la fierté de son regard, comme on a voulu le prétendre. Ce qui lui sert de sauvegarde, s'il est désarmé, c'est son port, si différent de celui des autres êtres. C'est ce corps allongé comme un fût de colonne, surmonté d'une tête arrondie et dégagée, pivotant brusquement sur le cou qui lui sert de support. Ce sont ces bras, qui se balancent dans la marche, comme s'il était toujours prêt à combattre.

149.

La position de la tête est favorable à la défense; elle lui permet de bien voir son ennemi et de le frapper vers les parties qu'il sait être les plus vulnérables. Il peut le presser contre sa poitrine et l'étouffer.

150.

Malheureusement il présente de toute part une peau nue, accessible à tous les genres de blessures; et le danger, dont il peut apprécier l'étendue, le trouble et paralyse ses forces.

151.

La station verticale est la seule qui lui soit permise; et cependant il ne peut longtemps la conserver sans fatigue. Il éprouve, s'il est debout sans agir, le besoin de modifier son attitude, en appuyant alternativement le poids du corps sur

l'une et l'autre hanche : pour lui la marche est
presque un repos.

152.

L'homme est essentiellement diurne ; il aime la
lumière et s'étiole rapidement dans les lieux som-
bres. L'humidité des marais lui est préjudiciable ;
il veut d'ailleurs appuyer son pied sur un terrain
ferme et résistant. Il voit mal pendant le crépus-
cule, et sa vue n'a pas une très-grande portée ; mais
il sait la perfectionner par des moyens naturels.
Ses paupières sont extrêmement mobiles, et chacune d'elles jouit d'une indépendance de mouvement très-favorable à la vision. Il les ouvre ensemble, ou l'une après l'autre, et les ferme à demi
pour diminuer l'intensité de la lumière. Ses mains
concourent au même but, il s'en sert pour
diriger les rayons visuels et pour se protéger
contre l'éclat éblouissant du soleil.

L'œil humain, dans lequel se peignent les
mouvements de l'âme et les passions qui l'agitent,
sépare l'homme des animaux, tout autant que
l'intelligence, dont cet organe est la plus magnifique expression.

153.

Pour dormir, l'homme se couche d'ordinaire
sur le côté droit, à demi-fléchi, la tête un peu
soulevée ; ses bras l'embarrassent. Tantôt posés

sur la poitrine, ils gênent la respiration par leur poids, et donnent lieu à des cauchemars pénibles; tantôt mal engagés et supportant tout le poids du corps, ils s'engourdissent douloureusement. Dans la veille, il ne peut s'asseoir sur un terrain plan, pour se reposer, sans se sentir entraîné en arrière; il faut qu'il s'accroupisse disgrâcieusement, qu'il croise les jambes, ou qu'il se pose sur ses talons.

154.

Pourvu des trois sortes de dents, il dût avoir une nourriture mixte. Dans les forêts, le gland doux, la châtaigne, la faîne et les racines charnues; au bord des rivières, des lacs et des mers, les coquillages. La faiblesse de ses dents canines ne permet pas de croire qu'il puisse manger facilement des chairs crues. Il faut qu'il leur fasse subir l'action du feu, et qu'il les assaisonne.[23]

155.

Son langage est concis, son vocabulaire pauvre; les phrases qu'il emploie sont courtes et destinées à servir ses besoins matériels; il parle avec lenteur, et les mots qu'il crée abondent en voyelles. Son chant est monotone, et il le module sur des notes basses dont l'échelle diatonique est peu étendue.

156.

Bien que la durée de la vie de l'homme puisse paraître longue, elle est en réalité assez restreinte ; il ne vit pas encore dans l'enfance, et ne vit plus qu'à demi dans la vieillesse. Il a deux longues tutelles à subir : celle de ses premières années et celle de ses dernières.

157.

Comme chez le singe, de grands changements s'opèrent dans son système osseux, notamment dans le crâne. Les maxillaires s'allongent, l'obliquité de l'implantation des dents se prononce, les pommettes deviennent de plus en plus saillantes, ainsi que les arcades sourcilières, etc. En comparant la tête d'un vieillard à celle d'un jeune homme on peut facilement constater ces différences, et l'on s'étonne de les trouver aussi profondes.

158.

Si l'on voulait espérer de trouver les berceaux de l'espèce humaine, il ne faudrait pas s'écarter beaucoup des tropiques ou de l'équateur. Ce ne dût être que lentement, et par irradiation que l'homme pût s'exiler de ces régions favorisées. Les pôles, la zone torride, les hautes montagnes,

n'ont dû recevoir que des colons. Le rivage de
la mer, le bord des grands fleuves, les plaines
boisées, voilà sans doute les lieux où l'homme
a dû se fixer d'abord.

159.

A voir le corps de l'homme, glabre ou incomplétement couvert de poils, livré à la merci des
éléments, on serait disposé à penser qu'il est une
production des pays chauds : le nègre pour les
régions tempérées; le blanc pour les tropiques.
Ainsi du moins le voudrait la physique, qui a démontré que la couleur blanche repousse les rayons
solaires, et que la noire les absorbe; mais les races
humaines, dans leur distribution à la surface de
la terre, sont très-souvent placées de manière à
contrarier complétement ces lois de physique générale.

160.

L'homme, mis en rapport avec la nature entière, devait avoir une intelligence plus vaste que
celle des animaux, lesquels sont seulement en
rapport avec ce qui, dans la nature, sert à la
satisfaction de leurs besoins matériels.

161.

Quoique cette intelligence soit très-étendue,
elle conduit l'homme par les mêmes chemins et
le fait parvenir aux mêmes résultats.[24]

Si la race adamique, telle que l'ont façonnée les
siècles, disparaissait soudain, et qu'il plût au Créateur de la faire revivre, elle commencerait par
la hutte, et finirait par le palais; elle se vêtirait
de peaux d'animaux, pour se couvrir plus tard
d'étoffes moelleuses; les pyroscaphes remplace-
raient les canots d'écorces; quelque Paris splen-
dide serait encore construit au bord de quelque
fleuve, et, comme aujourd'hui, le vice et la
vertu se partageraient l'empire du monde.

162.

La nécessité de lutter contre les besoins de la
vie, a fait l'homme industrieux et actif. S'il eût
trouvé partout une nourriture abondante et un
ciel clément, il aurait vécu au jour le jour, apa-
thique et enclin au sommeil, comme les chiens
et les chats bien repus.

163.

Contraint de se défendre sans relâche ni trêve
contre les éléments, il s'élève s'il triomphe, et
s'abrutit s'il est vaincu. Vers les pôles et au centre
de l'Afrique, ces deux extrêmes du froid et du
chaud, les facultés intellectuelles de l'homme
restèrent stationnaires. Il en dût être autrement
dans les régions tempérées, où l'on obtient tout

de la terre par un travail soutenu, en rapport avec les forces de l'homme; mais lorsqu'il lui suffit pour vivre, comme dans l'Amérique du Sud, de cueillir un fruit, ou de percer de flèches un facile gibier, il reste dans une éternelle enfance.

Toutefois sur une terre riche en productions naturelles, et pourvu qu'il sache en tirer parti, l'homme élève son intelligence bien plus haut et beaucoup plus vite que s'il est placé dans des circonstances opposées.[25]

164.

Pour juger de l'homme primitif, même au sein de la civilisation, il suffit de l'examiner enfant. Il est le même sur tous les points du globe. Les premiers mots qu'il prononce, les premiers jeux auxquels il se livre, ne diffèrent point. Dès son entrée dans la vie, il cède aux instincts qui le domineront un jour ; le jeune garçon essaie et fabrique des armes, la jeune fille habille et berce une poupée. Déjà se sont révélés l'instinct de la guerre et celui de la maternité.

165.

La lenteur du développement de l'homme, dont on serait tenté de se plaindre, était nécessaire. C'est elle qui fortifie les liens de famille, cette unité des sociétés humaines. L'homme ne peut rien par lui seul. Il faut qu'il soit protégé dans l'enfance et protecteur dans l'âge mûr. S'il règne sur la nature, ce n'est pas comme individu, c'est comme espèce.

166.

Chez les animaux, l'instinct étant contemporain de la naissance, et l'accroissement rapide, il suffisait qu'ils fussent placés dans des milieux favorables. Il n'en a pas été ainsi de l'homme, chez qui l'instinct est à peu près nul, et qui ne possède d'abord l'intelligence qu'en germe. La raison et l'expérience, n'étant point en lui, il fallait qu'il les trouvât dans les autres.

167.

Créé nu, sans armes, et condamné à une longue enfance, l'homme n'était pas né *viable*. Pour qu'il conservât une place sur la terre, il fallait qu'il fût protégé ; la Providence lui tendit la main ; elle lui donna la famille, et ses destinées purent s'accomplir.

I. VERTÉBRÉS.

1. Mammifères.

168.

L'organisation physique rapproche le *singe* de l'homme, dont il est la caricature; mais l'intelligence l'en sépare complétement. Destiné à une vie de médiocre durée, cet animal a un développement précoce et une enfance très-courte.

169.

En qualifiant les singes de **Quadrumanes**, on exprime une particularité réelle de leur organisation; néanmoins les mains pelviennes ou de derrière, dont l'action n'est pas réglée par l'œil, ne sont pas les véritables. Les seules qui méritent ce nom sont les mains thoraciques, ou de devant qui, par leur position, sont en rapport avec la tête, où siégent les organes des sens[26]. Les mains de derrière, bien qu'elles soient prenantes comme les autres, servent uniquement comme nos pieds à la progression. Nous marchons sur un terrain plan, et il suffisait que nous pussions y trouver un point d'appui; des pieds à pouces opposables nous eussent été non-seulement inutiles, mais nuisibles. Les singes, qui vivent sur les arbres, devaient pouvoir saisir les branches avec des mains, destinées à les embrasser dans une partie plus ou moins considérable de leur diamètre. L'organisation des organes locomoteurs de l'homme et du singe est donc en rapport avec les lieux qu'ils devaient habiter : la plaine et la forêt ; le sol et l'arbre.

170.

L'angle facial, chez les singes, n'est point en rapport avec l'intelligence, telle qu'elle a pu être appréciée dans les diverses espèces ; cet angle étant de 60 à 65° chez les sajous et les callitriches ; de 50° chez le chimpanzé, et de 30° chez l'orang roux, l'ancien orang-outang des naturalistes, regardé jusqu'ici comme le plus intelligent de tous les quadrumanes.

171.

Les singes se nourrissent principalement de fruits, et comme, dans les pays qu'ils habitent, les arbres en portent en toute saison, ils vivent au jour le jour, imprévoyants de l'avenir. Plusieurs d'entre eux peuvent recevoir une sorte d'éducation, quoique très-enclins à reprendre leurs habitudes de capricieuse indépendance. Réunis dans les forêts en troupes bruyantes, ils en sortent pour dévaster les cultures, et agissent en commun, afin d'avoir avec impunité le profit de leurs vols.

172.

Ces animaux ont un défaut qui n'a été constaté exister au même degré chez aucun autre mammifère : la lubricité. En revanche, les sentiments d'affection pour la race sont poussés jusqu'au dévouement le plus absolu, et il n'est pas rare de le voir aller jusqu'au sacrifice de la vie.

173.

Quoiqu'on ait beaucoup trop exalté l'intelligence des singes, en se faisant illusion sur ce qu'ils ont de l'homme dans le geste et la pose, ils doivent cependant être mis au-dessus du chien, qui, sous d'autres rapports, leur est très-supérieur. L'orang-outang renfermé, qui, pour sortir, monte sur une chaise et tire la targette de la porte, qui fait jouer le pêne d'une serrure, qui dénoue une corde pour l'allonger*, la *jugeant* trop courte pour l'usage qu'il veut en faire, accomplit des actes intelligents d'un ordre tout à fait supérieur, par la combinaison d'idées que ces actes supposent.

174.

Les singes reconnaissent très-bien les dessins d'insectes ou d'oiseaux, mis sous leurs yeux, et se font illusion sur la réalité de l'image. Ils

---

* FRÉDERIC CUVIER.

tâchent de les saisir pour les croquer, ou bien ils
les fuient, s'ils se rappellent avoir quelque raison
de les craindre. Quand ils se voient dans une
glace, ils se font des mines, et passent derrière,
afin de voir l'animal qui leur rend grimaces pour
grimaces. Les sauvages ne font pas autrement.

175.

Nul autre animal ne s'élève à un pareil degré
d'intelligence. Ce qu'on raconte d'oiseaux qui venaient becqueter des raisins peints par Zeuxis,
rentre dans le domaine de la fable. Le chat n'a
pas peur d'un chien de pierre ou de marbre ; et
le rat qui vit dans l'atelier du sculpteur, ira sans
aucune hésitation grignotter le lard placé entre
les pattes d'un chat de plâtre.

176.

Jeunes, les singes se montrent faciles à gou-
verner ; ce sont des enfants d'une intelligence
très-avancée et d'une physionomie pleine de douceur. Quand je vis à Paris le chimpanzé, déjà malade, me tendre sa petite main, et me regarder
avec tristesse, comme une personne souffrante,
je me sentis ému, et cette émotion avait un caractère que je n'ose approfondir. En vieillissant,
les singes tournent à la brute. Otez de la société
la crainte des lois ; faites disparaître les croyances
religieuses ; abandonnez l'homme à ses penchants :

et demandez-vous si les années le perfectionnent
ou l'abrutissent !

177.

Les particularités qui précèdent, et qui sont relatives aux singes, ne s'appliquent qu'aux espèces
occupant les premiers rangs de l'ordre. Quant aux
espèces inférieures, elles sont plus stupides peut-
être que les carnassiers les moins intelligents.
Plus les singes se rapprochent de l'homme par
leur ressemblance extérieure, et plus aussi leur
intelligence se prononce.[27]

178.

L'ordre des **Carnassiers**, comme celui des
quadrumanes, se compose d'animaux très-différents d'organisation et d'intelligence. On ne peut
les apprécier que dans les sous-ordres formés
à ses dépens, et l'on constate qu'il renferme
tout à la fois les animaux les plus éducables et
les plus stupides, et qu'entre ces limites extrêmes
existe une foule d'intermédiaires.

179.

Le premier de ces sous-ordres se compose des
Insectivores, inférieurs en intelligence, même
aux rongeurs; l'indépendance est une nécessité
de leur singulière manière de se nourrir, et ils
meurent quand on les réduit à l'esclavage.

180.

Il en est de même des CHÉIROPTÈRES, qui constituent le second. Ces animaux ont des habitudes nocturnes, et peut-être cette circonstance explique-t-elle pourquoi l'homme n'a sur eux aucune action. Ils jouissent au *summmum* du sens du tact, et c'est par ce qu'il a d'exquis, que faute d'une meilleure explication, on se rend compte de la singulière faculté dont ils jouissent : celle de pouvoir, étant privés d'yeux, éviter dans leur vol rapide les corps étrangers, qu'ils ne peuvent voir, et contre lesquels ils devraient se briser.

181.

Les PLANTIGRADES, qui appartiennent aussi à l'ordre des carnassiers, sont lents, et se refusent à toute éducabilité, à l'exception de l'*ours*, qui, même à l'état sauvage, se montre doué d'intelligence. Il est prudent jusqu'à la défiance, et suspecte tout ce qu'il voit pour la première fois. Si l'on veut juger cet animal, il ne faut pas le voir esclave du montagnard qui le soumet par le bâton; mais libre de ses mouvements dans les fosses du Jardin des plantes, faisant de grotesques gambades, grimpant à l'arbre au commandement, ou bien se couchant sur le dos et se croisant les pattes, dans l'attitude de la supplication, afin d'obtenir le petit pain qu'il convoite de l'œil.

182.

Des motifs d'économie ayant fait décider que le nombre des ours de la ménagerie du Jardin des Plantes serait réduit, on jeta à ceux dont on désirait se débarrasser, des gâteaux chargés d'acide prussique. Ils s'en emparèrent d'abord, puis rejetèrent en hâte cet appât perfide ; mais comme ils ne voulaient pas renoncer à cette pitance, ils lavèrent les gâteaux dans l'eau de leur auge, les débarrassèrent du poison, et les croquèrent au grand ébahissement des spectateurs. Cet acte de haute compréhension, qui appartient bien plutôt à l'intelligence native qu'à l'intelligence acquise, leur valut la vie. Les tentatives d'empoisonnement ne furent plus renouvelées.*

183.

Les Digitigrades, qui constituent aussi une tribu des carnivores, sont chasseurs et bien armés ; leur vie est nocturne ou diurne. L'éducation n'agit que sur un très-petit nombre d'espèces ; cependant on peut en apprivoiser plusieurs, et deux d'entre elles ont été réduites à la domesticité.

Les *martes*, les *putois* et les *mouffettes*, ne s'élèvent guère au-dessus de l'instinct. Comme ces animaux ne s'appuient dans leur marche que sur

* M. Flourens.

les doigts, rien n'avertit de leur approche. La *fouine*, la *belette*, le *furet* et le *renard*, tuent les animaux par de là leurs besoins; non par cruauté, ce sentiment supposant la raison, mais par une prévision instinctive de la faim à venir. Ils peuvent vivre en captivité, cependant rien ne parvient à dompter leur caractère farouche et intraitable.

184.

L'homme se sert, pour la chasse, du furet et même de la fouine, mettant ainsi à profit leurs instincts sanguinaires. On prétend avoir dressé la *loutre* à rapporter le poisson qu'elle pêche. Cet animal est courageux; il défend ses petits avec une grande résolution, même contre l'homme. On a vu une loutre vivre familièrement avec un chat; elle se plaisait près du foyer, et donnait à son maître des preuves évidentes d'affection.

185.

La *mangouste* est supérieure à la loutre; on peut facilement l'apprivoiser, et elle s'attache aux personnes qui en prennent soin. La circonspection est dans les habitudes de sa vie. S'il faut en croire Prosper Alpin, elle avait été réduite autrefois à la domesticité, et on s'en servait comme des chats, pour détruire les rats et les souris.

186.

C'est parmi ces animaux, en général inintelligents, que se trouve le *chien*, qui, pour l'éducabilité et les sentiments affectifs, se place en tête du règne animal, et si légitimement, qu'il n'est pas possible de conclure de lui à aucun autre; car s'il permet la comparaison, il échappe à tout parallèle.[28]

Cette supériorité d'intelligence se trouve prouvée par l'autorité qu'il sait s'arroger sur les autres animaux, qui l'acceptent. Donnez-lui les mains du singe, et, réfléchissant à l'usage qu'il en pourrait faire, comparez ensuite les deux animaux.

187.

Le chien est fidèle et dévoué; l'affection qui naît en lui, devient une partie de lui-même, et elle domine tous les actes de sa vie. Il est le seul animal domestique qui regarde son maître en face, moins pour lire dans les yeux un désir qui vient d'éclore, que pour le deviner, avant même qu'il ne soit exprimé. Vivant en société *intime* avec l'homme, il n'a pris de lui que ses bonnes qualités; et, par la plus étrange ingratitude, son nom est devenu un terme de mépris dans le langage humain, tandis qu'il devrait servir de comparaison, lorsqu'il s'agit de constater le désintéressement, la fidélité, et surtout l'abnégation la plus

complète de l'individualité, d'ordinaire si vivace.
Le chien n'a plus d'égoïsme; ce sentiment s'est
déplacé; il s'est réfléchi sur l'homme, auquel le
chien s'en rapporte aveuglément du soin de sa
propre conservation. *

188.

Nous avons conquis les animaux domestiques : le chien s'est donné. L'éducation ajoute à
son intelligence, mais ne peut accroître son
affectueux dévouement. On croirait que cet animal a un instinct de plus que les autres, celui
d'un attachement aveugle pour l'homme.

Sans qu'il lui soit possible de copier nos
gestes, il sait se conformer à notre humeur. Le
chien du campagnard est moins civilisé que
celui du citadin; le chien de la peuplade encore sauvage, est sauvage comme la population
au milieu de laquelle il vit. Grossière ou déli-
cate, cette empreinte est profonde et elle mo-
difie son caractère.

189.

Quand le chien a donné son affection, rien
ne peut l'affaiblir, pas même l'injustice et les
mauvais traitements. Il est, qu'on me passe
cette expression, le seul animal qui ait du
cœur.

---

* FRÉDERIC CUVIER et M. FLOURENS.

Il est aussi le seul qui connaisse la honte de
la faute commise ; le seul qui prenne l'allure
embarrassée du coupable pour se faire pardon-
ner son tort, et rentrer en grâce.

190.

Il est reconnaissant et se souvient du bien
qu'on lui a fait. Un chien avait un os arrêté
dans l'œsophage ; il suffoquait, lorsqu'un passant s'approche, et, plongeant la main dans la
gueule de l'animal, parvint à le délivrer de ce
corps étranger. A quelque temps de là, le chien
rencontre ce même homme, auquel il doit la
vie ; il le reconnaît aussitôt, court à lui, pousse
des cris de joie et l'accable des plus vives caresses. Devenu importun, par l'excès même de
sa reconnaissance, il fut obligé de se modérer ;
mais on le vit longtemps suivre de l'œil son
sauveur, en poussant des gémissements, qui
tenaient tout à la fois et du plaisir de l'avoir
vu, et du regret de le voir si peu.

191.

L'homme fait des variétés de chien, comme
il fait des variétés de *geranium*. Lorsque l'éducation a modifié les aptitudes d'une race, elles
se transmettent, aussi longtemps que les races
obtenues se reproduisent entre elles.

192.

Le *renard* conserve ses habitudes sauvages, et on ne l'apprivoise que très-difficilement. Quoiqu'il vive isolé, il s'associe un compagnon pour chasser avec lui en commun. Il est rusé et doué d'une intelligence native très-marquée.

On apprivoise l'*hyène*. Elle aime à recevoir les caresses de son maître, et grogne de plaisir en les recevant.

Les *chacals* sont absolument inéducables.

193.

Le *loup*, que nous ne connaissons guère qu'à l'état sauvage, n'est pas aussi dénué de qualités affectives qu'on le suppose. L'un d'eux, captif, et apprivoisé jeune, avait conservé pour son premier maître un attachement qui ne s'est jamais démenti. Au bout d'un an de séparation, il le revit, et témoigna une joie qui tenait du délire, en recevant ses caresses.

194.

Les grandes espèces de chat sont, de tous les mammifères, les plus redoutables. Ces animaux possèdent au plus haut degré la force et l'agilité. La faim règle les actes de leur vie, et c'est elle qui réveille en eux le courage. Ils aiment mieux surprendre leur proie que de la combattre ; aussi se mettent-ils en embuscade, pour se jeter sur elle à l'improviste, et lui donner la mort avant qu'elle ait pu fuir ou se défendre. L'homme leur impose, et à moins qu'ils ne soient poussés par un besoin impérieux, ils l'évitent. L'odorat est de tous leurs sens le plus développé. On peut les apprivoiser sans que leur intelligence s'élève beaucoup. A Téhéran (Perse) on voit dans les rues des lions enchaînés, qu'un seul homme conduit au bout d'une laisse, et de jeunes tigres portés comme de jeunes chats sur les épaules de leur maître.

195.

Parmi ces carnassiers, le plus indomptable est la *panthère ;* le seul qui tue pour tuer est le *cougouar ;* le seul dont les mœurs ont une douceur native, le *guépard ;* le seul vraiment intelligent, le *chat.* Celui-ci consent à être notre hôte ; il accepte l'abri que nous lui donnons et l'aliment qui lui est offert ; il va même jusqu'à solliciter nos caresses, mais capricieusement, et quand il lui convient de les recevoir. Le chat ne veut point aliéner sa liberté. Si nous l'exploitons, il nous exploite, et ne veut être ni notre serviteur comme le cheval, ni notre ami comme le chien.[29]

196.

Quoique l'intelligence des **Amphibies** ait peu d'agents propres à la rendre manifeste, elle est pourtant évidente. Les *phoques* sont doux, dociles, courageux, et se laissent apprivoiser. Ils vivent en société. Les soins maternels se prolongent assez longtemps. Au premier appel de sa mère, le jeune phoque, qui vit en troupeaux avec les compagnons de son âge, accourt recevoir ses caresses.

197.

Les **Marsupiaux**, si remarquables par leur singulière organisation et par leur double gestation, sont des animaux farouches et inéducables, chez lesquels l'instinct de reproduction est très développé ; la nature leur a, comme on sait, donné pour leurs petits des moyens de sauvetage qui ne se voient chez aucun autre. Parmi eux se trouve le *kangourôo* de la Nouvelle-Hollande, qui a été réduit à une demi-domesticité ; mais il est égoïste comme le chat, sans être plus affectueux.

198.

Quoique les Rongeurs aient été placés au dernier rang des mammifères, ils ne sont pas absolument inintelligents.[30] Leurs instincts ac-

quièrent parfois un développement extraordinaire ; témoin le *castor* dont chacun connaît la
merveilleuse industrie.[31] Le nid de l'*écureuil* est
assez bien fait, et protégé par une espèce de
couvercle mobile. On peut apprivoiser ce char-
mant animal, ainsi que la *souris* et la *marmotte*.
Le *lièvre* oublie sa timidité pour battre de la
caisse et tirer la gachette d'un pistolet. Le *lapin*
et le *cabiais* ont le cerveau lisse comme celui
des insectivores et des chéiroptères ; ils ne
sont guère plus élevés en intelligence, et, s'ils
souffrent l'approche de l'homme, c'est uniquement parce que l'homme les nourrit.

199.

Les sentiments affectifs manquent surtout aux
rongeurs. Leurs espèces purement herbivores,
timides et craintives, n'ont point d'armes, et
confient leur salut à la fuite. Celles dont l'alimentation est mixte, animale et végétale, les
rats par exemple, sont d'une férocité que rien
n'égale ; s'ils avaient la force, l'homme n'aurait
pas à combattre de plus redoutables ennemis.

200.

L'instinct, chez les rongeurs, est plus fatal
et plus impérieux que chez quelque animal
que ce soit. Les *lemmings*, poussés par une
volonté puissante, émigrent à des époques in-

déterminées, marchant invariablement vers le
nord en ligne droite, ravageant tout sur leur
passage comme les sauterelles. Dans ce voyage
rectiligne, la plupart d'entre eux se noient dans
les lacs, ou sont submergés dans les marais. Les
animaux carnassiers les dévorent, les oiseaux
de proie les déchirent, la faim les décime, et
cependant rien ne les arrête. Ce ne sont plus
des êtres jouissant de la liberté du mouvement,
mais des espèces de projectiles lancés par une
main invisible vers un but inconnu.

201.

Les **Édentés** ont un instinct médiocre et
une intelligence très-bornée. On ne peut les
apprivoiser. Ils sont frugivores et insectivores,
vivent sur les arbres ou se creusent des terriers. Jamais ils ne se réunissent en troupes,
et s'ils s'associent, c'est uniquement dans le but
de la multiplication de l'espèce. La nature ne
leur a donné d'autres armes que leurs téguments extérieurs, écailles ou poils grossiers,
semblables à de l'herbe desséchée, lesquels
leur donnent un aspect étrange, très-propre à
écarter d'eux les animaux carnassiers.

202.

Les **Monotrèmes**, dernière section des
édentés, suivant les uns, ou qui appartiennent

aux marsupiaux suivant les autres, établissent une sorte de transition entre les mammifères et les oiseaux. Ces animaux, à bon droit qualifiés de paradoxaux, sont farouches, inéducables et privés d'intelligence ; l'*échidné* et l'*ornithorhinque* en font partie.

203.

L'ordre des **Pachydermes**, qui n'est que médiocrement naturel, renferme des animaux très-divers d'instinct et d'intelligence ; les uns rebelles à toute éducation, les autres, au contraire, très-éducables. Parmi les pachydermes sans trompe se trouve le *cochon* domestique, animal stupide et féroce, qui, pour satisfaire l'énergie de ses besoins, dévore tout ce qui se présente à lui, sans paraître s'apercevoir si l'aliment qu'il broie sous sa dent est ou non doué de vie, et si l'animal qu'il déchire est ou n'est pas sa progéniture. Le cochon offre un exemple remarquable des effets inverses de la domesticité ; ici, au lieu d'élever l'animal au-dessus de sa condition ordinaire, elle l'abrutit. Le *sanglier*, qui le représente à l'état sauvage, a des lueurs d'intelligence, que peut éveiller l'éducation. Lorsque les sangliers sont attaqués par les loups, ils se mettent en cercle, les petits au centre, et présentent de toutes parts leurs terribles boutoirs. Le *pecari* est doué de quelques sentiments affectifs.[32]

204.

L'*hippopotame* est stupide et inéducable; il
vit isolé; la puissance de sa structure le dispense de l'instinct, aussi est-il chez lui extrêmement borné. C'est une lourde masse, disgra-
cieuse et inintelligente, à laquelle nul instrument naturel ne vient en aide.

Le *tapir* paraît être dans des conditions plus
favorables. Peut-être pourrait-on le réduire à
l'état de domesticité, mais on ne l'a pas tenté.
Le *rhinocéros*, qui ne s'élève guère au-dessus
de l'hippopotame, s'est montré, étant captif,
doux et obéissant; très-emporté, du reste, quoique facile à calmer.

205.

Les pachydermes proboscidiens présentent
un plus grand intérêt. L'*éléphant* est fort éducable, quoique son intelligence native soit très-
bornée. Il doit sa supériorité à sa trompe,
instrument singulier dont il se sert avec habileté.
Sans cette sorte de main, il ne serait guère supérieur au rhinocéros.

La tête de cet animal est énorme, et l'on
pourrait croire qu'elle renferme un cerveau
considérable, mais de grandes lacunes en dimi-
nuent la capacité réelle. Le volume de la masse
cérébrale est à celui du crâne comme un est

à neuf. Le cochon, sous ce rapport, est plus favorablement traité.

A l'état sauvage, l'éléphant vit en troupes et chacune d'elles est dirigée par le plus fort et le plus âgé de la bande.

206.

L'intelligence de l'éléphant ne va pas jusqu'à éviter le piége dans lequel il est déjà tombé ; l'expérience ne lui apprend rien ; bien différent en cela d'autres animaux, du renard et de l'ours entre autres, regardés comme très-inférieurs.

C'est plutôt un captif soumis qu'un domestique affectionné. L'homme a réduit l'individu, mais non l'espèce. Ce que l'éléphant reçoit par l'éducation ne se transmet pas à la race, lorsque par cas exceptionnel, il engendre dans la captivité. Quand il le peut, il revient à la vie sauvage, dont le souvenir ne se perd jamais complétement. Il s'attache à son cornac ; mais en lui les sentiments affectueux n'ont ni profondeur, ni durée. On le fait obéir, et on le dresse à faire une foule de tours d'adresse. Il est fort supérieur au chameau, mais il ne vient que bien loin après le cheval et le chien.

207.

Le *cheval*, qui occupe un rang si éminent parmi les animaux, est remarquable par la

beauté des formes et la perfection des sens. Il
a l'œil doux et intelligent. Quoique la soumis-
sion semble lui coûter, sa fougue lui obéit. Il
est fier à la guerre, paisible à la ferme, souple
et gracieux à la promenade, calme à la charrue.
On croirait, à le voir changer son allure, qu'il
connaît la force ou la faiblesse du cavalier qui
le monte, et qu'il sait qu'il doit se modérer
sous la main de la femme ou de l'enfant, et se
montrer impétueux, quoique soumis, sous celle
de l'homme. On a dit de lui qu'il avait la no-
blesse et nous ne voulons pas la lui refuser;
mais ce n'est point dire assez, car il est utile
et se fait patient.

208.

L'homme a tiré parti de presque tous les
animaux, ce qui ne veut pas dire précisément
qu'ils aient été créés pour lui. Pourtant on doit
être frappé des rapports harmoniques qui existent entre l'homme et le cheval. En les voyant,
il semble que la fable des centaures soit réalisée,
et l'on s'étonne peu de l'erreur des Péruviens,
qui croyaient que le cavalier et le cheval ne
faisaient qu'un seul animal. Le chameau, le
dromadaire, l'âne, sont, ou trop grands, ou
trop petits, et l'on comprend que l'homme ne
s'en serve qu'à titre de véhicules vivants, qui
le transportent où il veut aller.

Montez au contraire un cavalier habile sur un coursier généreux; faites-le suivre par un chien de race; armez-le d'une carabine et d'un sabre de fine trempe; faites-le chevaucher dans la plaine, et vous aurez sous les yeux un noble spectacle; celui de l'homme complet, ayant des armes pour le défendre, un serviteur docile pour lui obéir, et un compagnon dévoué pour l'aimer.

209.

L'*âne*, inférieur au cheval par l'intelligence et l'éducabilité, a cependant des qualités que n'a pas ce bel animal; entre autres la sobriété. Il est prudent jusqu'à la défiance, ce qui nous fait croire à son entêtement. Les impressions qu'il reçoit de ses sens sont ordinairement justes, et il a de la mémoire. D'après ces facultés, qu'on ne peut lui refuser, il serait équitable de choisir un autre animal comme symbole de l'ignorance.

210.

Les **Ruminants** sont timides à l'excès, et presque tous farouches. Beaucoup d'entre eux ont accepté la domesticité et nous rendent d'immenses services; mais, en devenant esclaves, ils ne se sont pas faits intelligents. Peut-être même ont-ils perdu quelque chose de leur instinct, sans qu'il y ait eu pour eux compensation. Chez ces animaux les sentiments affectifs pour la race sont très-faibles et de peu de durée ; les femelles seules montrent quelque sollicitude pour leurs petits. Les bêtes féroces dont ils sont la principale nourriture, et les chasseurs, qui les poursuivent sans relâche ni trêve, les auraient fait disparaître de la plus grande partie de la terre, s'ils n'étaient protégés par la perfection de l'ouïe et par l'agilité des mouvements.

211.

Le *chameau*, le premier de tous les ruminants par l'intelligence, est très-éducable et très-docile, quand on n'exige rien de lui par delà ses forces. Il aime la voix de l'homme, et se prête avec intelligence aux manœuvres, dont l'objet est le chargement des marchandises qu'il doit transporter. Naturellement doux, mais peu affectueux, il répond à la violence par l'inertie ; la sobriété qui lui est imposée par l'éducation, est une nécessité qui trouve sa cause dans la constitution géologique des régions qu'il parcourt.

212.

Le *lama*, qui, comme on sait, se rapproche beaucoup du chameau par l'organisation anatomique, est éducable, et possède plusieurs qualités précieuses, particulièrement l'intelligence et la docilité.

213.

Le *bœuf*, lourd et patient, ne paraît pas absolument insensible aux soins qu'on lui donne; mais il est de nature brutale, et, pour le soumettre complétement, il faut souvent éteindre en lui l'instinct de la reproduction.

La vache témoigne qu'elle entend son nom et comprend très-bien les mots qui expriment un ordre ou une défense; elle en saisit le ton ou le timbre. Elle s'habitue aux personnes qui la soignent, et si une main étrangère veut la traire, elle retient son lait, suivant l'expression admise. Les vaches paraissent très-sensibles à l'enlèvement de leurs veaux; elles se plaignent à leur manière, et mugissent dès qu'elles entendent les vagissements d'un jeune enfant. On les a vues se précipiter vers la maison d'habitation, et chercher à y pénétrer, trompées par les cris qu'elles avaient entendus. Si les personnes chargées de distribuer le fourrage, passent à côté de l'étable sans rien leur donner, elles poussent un mugissement plaintif, et l'on dit alors qu'elles pleurent. Les habitants des fermes saisissent très-bien les modifications variées de la voix des grands bestiaux (*armenta*), et leur oreille exercée sait y découvrir des nuances, très-significatives pour eux.

On sait que des voyageurs ont écrit que chez

les Hottentots, les bœufs sont dressés à conduire et à défendre les troupeaux contre les
bêtes féroces.

214.

Le *renne,* supérieur en intelligence au bœuf,
est agile et assez docile, quoique très-enclin à
la colère. Dans l'état de liberté il vit en troupes
qui errent dans les forêts sous la conduite d'un
chef.[33]

215.

Le *mouton* est stupide; la *chèvre* capricieuse.[34]
Les *antilopes* et les *gazelles,* dont la chair est
acquise d'avance aux grands carnassiers, le
cerf, qui tombe sous la balle du chasseur, ne se
soumettent pas à l'homme. La giraffe accepte-
rait peut-être la domesticité, mais sa singulière
conformation permettrait difficilement d'en tirer
parti. Le bélier, comme le taureau, ne se soumet complétement à l'homme, que quand il a
été mutilé par la castration.

216.

Le *moufflon,* indigène des montagnes de la
Corse, est un animal inintelligent, farouche, et
qui n'a pu être apprivoisé. Il produit avec les
brebis, d'où l'on a conclu, sans autre preuve,
qu'il était le type ou la souche de nos moutons
domestiques. Il suivrait de là que le zébu serait

la souche des bœufs de nos étables, puisqu'il donne des individus féconds avec la vache. Cependant il serait bien difficile de conclure dans ce sens, faute d'expériences suffisantes.

217.

C'est surtout parmi les ruminants qu'il faut chercher les exemples les plus remarquables des différences de caractère, observés de mâle à femelle dans une même espèce. Exemples : le taureau et la vache, le bouc et la chèvre, le bélier et la brebis, le cerf et la biche.

218.

Les Cétacés, au corps pisciforme, ne paraissent pas organisés pour l'intelligence ; leurs instincts même sont bornés, et ils ne s'occupent guère que de la satisfaction des besoins matériels ; cependant ils s'apparient, défendent leurs petits, semblent commandés par le plus fort ou par le plus âgé d'entre eux. Tout le reste est un mystère, et Dieu seul peut savoir ce qui se passe dans la tête de ces énormes animaux au cerveau volumineux.

2. Oiseaux.

219.

Après les mammifères viennent les **Oiseaux**, placés au second rang des vertébrés, quoique

bien près de marcher parallèlement.[35] Supérieurs
aux mammifères par la grande variété de leurs
appareils de locomotion, ils ont l'espace pour
domaine par le vol, les eaux pour élément par
la natation, ils marchent et ils grimpent. Leur
vie est toute activité et tout mouvement. Ils
s'éloignent sans changer leurs rapports avec
les objets, car leur vue ne connaît pas la distance. La nature s'est complue à parer leurs
plumes des couleurs les plus éclatantes, et
comme elle leur a donné des loisirs, elle les
a fait chanteurs.

220.

C'est principalement à l'époque des amours,
que les oiseaux ont leur plus belle parure, et
leurs chants le plus de variété et d'étendue.
Plus tard les plumes perdent de leur éclat, et
souvent, comme il arrive au rossignol, la voix
s'éteint ou devient rauque. Reproduire c'est
continuer la création. La nature se réjouit de
ce grand œuvre ; elle donne aux animaux, qui
en sont les agents, des habits de fête : aux mammifères un pelage plus soyeux, aux reptiles des
écailles d'un éclat plus vif ; aux oiseaux des plumes plus belles ; elle nourrit l'insecte à l'état de
larve et le fait se reproduire à l'état de papillon ;
il n'est pas jusqu'à la corolle des plantes qui ne
brille des couleurs les plus diversifiées. Se

nourrir n'est qu'un acte préparatoire, se reproduire est un acte final, qui clôt le cycle de la vie.

221.

Le bec est pour les oiseaux une pince, un
poinçon, une tenaille, une aiguille, une truelle ;
il coupe, brise, pique, perfore, déchire, écrase
et divise. Leurs pattes servent à une foule d'u-
sages ; elles fouillent la terre, déchirent les
chairs, et se modifient pour l'attaque et pour la
défense, pour la progression et pour l'alimentation. Chez les perroquets c'est une sorte de
main, qui, comme celle du singe, sert à la
préhension.

222.

On a écrit que les oiseaux étaient, par l'intelligence, à une grande distance des mammifères, et cet arrêt a été accepté par tous les
naturalistes. Nous ne croyons pas que ce jugement soit équitable. Ce qu'on sait de l'histoire
de ces animaux, les montre de beaucoup supérieurs aux insectivores, aux marsupiaux, aux
chéiroptères, aux rongeurs, et même aux ruminants ; le chameau, le dromadaire et le lama
exceptés.

223.

Considérés dans l'ensemble des espèces com-
posant la classe tout entière, ils se montrent

supérieurs aux mammifères par les qualités affectives. Nul animal ne les égale dans les soins qu'ils donnent à leurs petits, et ils n'offrent aucun exemple de cette dépravation, signalée chez beaucoup de carnassiers qui dévorent leur progéniture.

224.

Le *coucou*, en abandonnant ses œufs aux soins d'une femelle étrangère à son espèce, obéit à une nécessité physiologique, et n'est point pour cela dépravé. Chez cet oiseau, la ponte est intermittente, et les œufs se succèdent avec une excessive lenteur. L'incubation devrait être interrompue, ou durer un temps considérable, ce qui n'est pas possible ; car il faut que les amours continuent pour féconder les œufs, circonstance incompatible avec l'incubation. En les confiant successivement à d'autres oiseaux, le coucou fait donc acte de prévision.

225.

La construction des nids est tout à la fois, chez les oiseaux, œuvre d'instinct et d'intelligence. L'instinct soumet la forme, l'intelligence règle le choix du lieu où ils sont établis ; c'est elle qui donne la sollicitude maternelle et qui préside à l'éducation des petits.

226.

Ils vivent souvent en troupe, avant et après la ponte ; on en connaît plusieurs qui font des nids composés, comparables à des ruches et à des fourmilières, quoique moins réguliers.

L'éducabilité agit sur eux d'une manière plus étendue que chez les mammifères en général. L'épervier, et surtout le faucon, sont, étant bien dressés, d'une docilité, d'une adresse et d'une intelligence surprenantes. Plusieurs rapaces, analogues, parmi les oiseaux, aux carnassiers parmi les mammifères, participent plus ou moins à ces facultés ; tels sont surtout le gerfaut, l'émérillon, l'autour, le hobereau, le milan et même le grand-duc.

227.

En Chine les *cormorans* sont dressés à la pêche ; ils plongent, prennent le poisson, et le rapportent à leur maître avec la docilité du chien le plus obéissant.

228.

Les *perroquets* sont aux oiseaux ce que les singes sont aux mammifères. Ils ont un prodigieux talent d'imitation, et parviennent à contrefaire la parole articulée de l'homme. Ils s'attachent à leur maître, et se montrent sensibles aux caresses qu'ils en reçoivent. Les perroquets sont gourmands, jaloux, colères ; ils cherchent à plaire et savent obéir.

229.

On assure que des oiseaux rendus à la liberté sont venus revoir leurs maîtres après une longue absence. Cette visite de courte durée terminée, ils sont repartis à tire d'aile pour reprendre leur vie indépendante. Des hirondelles apprivoisées venaient, au sifflet, se poser sur la tête des personnes qui les soignaient, et elles se plaisaient à y rester.

230.

Des serins peuvent être si bien dressés, qu'ils fournissent à eux seuls les éléments d'un spectacle intéressant. Ils feignent de recevoir un coup de fusil et tombent comme foudroyés. Leurs camarades viennent les enlever pour leur rendre les derniers devoirs. Ils devinent des cartes tirées; traînent de petites pièces de canon, font semblant de les charger, puis y mettent le feu ; ils montent la garde, manœuvrent au commandement, posent des sentinelles, etc., etc. Des perdrix ont été dressées, mais plus rarement, à faire les mêmes tours.

231.

L'*agami* obéit à la voix de son maître; il le suit ou le précède, et vient s'offrir à ses caresses. Comme le chien, il connaît les amis de la maison et leur *fait fête*. Il sort seul et s'éloigne du logis; il y revient et s'y établit en maître. Quand quelques personnes lui déplaisent, il tente de les chasser à coups de bec et les poursuit avec colère. Des corbeaux ont donné lieu à des observations semblables.

232.

Nous avons vu à Paris, il y a vingt-cinq ans environ, une hirondelle accrochée au fronton du palais de l'Institut, par le fil qu'un enfant, dont elle s'était trouvée la prisonnière, avait attaché à l'une de ses pattes. La pauvrette, ainsi retenue, poussait des cris de détresse qui furent entendus et *compris* de toutes les hirondelles du voisinage; il en vint des milliers, qui couvrirent les entablements de l'édifice, et qui se mirent à gazouiller bruyamment, en témoignage de sollicitude. Bientôt un certain nombre d'entre elles se détachèrent de la troupe, et se mirent à décrire, en volant, des cercles qui les ramenaient invariablement vers la captive, que chaque fois elles semblaient caresser de l'aile. Cette manœuvre dura peu, et le résultat se produisit

5

bientôt, au grand ébahissement des spectateurs. Le bec tranchant des hirondelles ayant coupé le fil qui retenait leur compagne captive, celle-ci devint libre; elle s'envola, et toutes s'éparpillèrent pour aller rejoindre chacune sa couvée.

Ces traits nombreux d'intelligence, et il nous serait facile d'en ajouter beaucoup d'autres, prouvent que de ce côté les oiseaux n'ont rien à envier aux mammifères, quoique la masse cérébrale de ceux-ci soit supérieure en volume et plus compliquée dans sa structure.*

3. Reptiles.

233.

Les **Reptiles**, animaux à sang froid et à respiration pulmonaire, ont des instincts peu étendus. Il faut que la chaleur qui les vivifie leur soit communiquée par le soleil, et c'est seulement alors qu'ils jouissent de la plénitude de leurs facultés vitales. Ils se réchauffent à la manière des corps inertes, et s'engourdissent sous l'influence des basses températures. Ces passages nombreux de l'activité à la langueur; cette vie de relation, en quelque sorte intermittente, indiquent que les besoins sont bornés, et qu'il était superflu que l'intelligence les aidât. Elle semblait d'autant moins nécessaire,

---

* **Voyez Proposition 116.**

que beaucoup d'entre eux sont défendus par
la nature même de leurs téguments.

234.

Ces animaux sont généralement timides et
craintifs ; ils se cachent et vivent isolés. Chez
eux, le sens le plus éminemment conservateur,
l'ouïe, est très-subtile ; l'éducabilité n'éveille
point en eux l'intelligence. Des jongleurs parviennent à faire tenir debout certaines espèces
de serpents, qui se balancent sur leur queue,
en suivant le mouvement plus lent ou plus
accéléré de la musique. Néanmoins, ce fait isolé
ne prouve rien autre chose qu'une habitude, à
laquelle n'a point pris part l'intelligence.

235.

Les qualités affectives ne sont pas, chez ces
animaux, aussi nulles que l'intelligence. La
plupart des reptiles se bornent à déposer leurs
œufs en lieu sûr ; mais il en est qui font des
nids, et qui veillent sur leur ponte avec une
assez grande sollicitude. Le pithon molure, de
l'Inde, enveloppe ses œufs dans les replis de
son corps jusqu'à complète éclosion, et le pipa
porte les siens sur son dos dans des espèces
d'alvéoles, où les petits se maintiennent quelque
temps, comme les fœtus des marsupiaux dans
la matrice externe. Les crotales se font suivre

de leurs serpenteaux, et ceux-ci, au moindre bruit, se précipitent dans la gueule de leur mère, qui s'ouvre aussitôt pour les recevoir.

236.

Les tortues enfouissent leurs œufs dans le sable, puis elles les abandonnent après les avoir recouverts. Les petits éclosent en leur temps, et le jour même de cette éclosion, les tortues mères reviennent, comme pour les couvrir de leur protection. Cet acte instinctif est des plus surprenant.

4. Poissons.[36]

237.

Les **Poissons**, animaux vertébrés à sang froid, sont inférieurs aux trois classes dont nous venons d'apprécier l'instinct et l'intelligence; ils vivent dans un milieu qui se laisse très-facilement pénétrer, et qui est soumis à une moyenne de température peu variable. Comme ils sont les uns pour les autres une proie facile, leur vie est une chasse perpétuelle, que suspendent à peine les fonctions de la reproduction. C'est vers la nécessité de l'alimentation que se dirige le peu qu'ils ont d'instinct. Cependant l'épinoche se construit une sorte de nid[37], et l'on cite deux ou trois exemples de poissons qui s'apparient. Au reste, ces animaux, cachés sous les eaux, ne peuvent être facilement appréciés, et beaucoup de leurs actes instinctifs nous sont inconnus. Toutefois on peut décider, avec une très-grande apparence de certitude, que ces actes sont peu nombreux, puisqu'ils n'ont point d'agents capables de les exécuter.

238.

Ils sont, de tous les animaux, ceux qui portent le plus grand nombre de germes. Mais outre qu'ils s'entre-dévorent les uns et les autres, la nature, qui a voulu s'opposer à leur extrême multiplication, les a rendus avides du frai, dont ils détruisent des quantités prodigieuses.

II. MOLLUSQUES.

239.

Si quelques particularités de l'organisation interne rapprochent les MOLLUSQUES des vertébrés, l'absence totale d'intelligence, et la faiblesse de leurs instincts, les en séparent complétement. Ce sont des animaux apathiques et lents, qui se nourrissent et se reproduisent. Hors de ces fonctions, communes à tous les êtres organisés, il n'y a plus rien. Les sentiments affectifs sont nuls, et c'est à peine si leur histoire offre quelques particularités qui les élèvent au-dessus des rayonnés. Les céphalopodes poursuivent leur proie, et, pour échapper à leurs ennemis, éjaculent une liqueur noire qui trouble l'eau. Les peignes s'élancent à travers les flots pour éviter un danger, en fermant et en ouvrant brusquement leur coquille à plusieurs reprises. Les univalves des contrées glaciales sécrètent une matière calcaire qui les protège contre le froid; mais ce résultat est purement physiologique, et la nature supplée dans cette circonstance à l'instinct, qui fait défaut. C'est elle qui, après les avoir couverts d'un épais mucus, sur lequel les plus basses températures sont sans action, a muré leur maison, pour les mettre à l'abri de l'air extérieur.

III. ARTICULÉS.

240.

Les ARTICULÉS ont une organisation tellement distincte de celle des autres animaux, qu'on ne peut raisonnablement conclure de ceux-ci à ceux-là; car, s'ils ont des organes capables de servir leurs instincts et leur intelligence, ces instruments sont si différents de ceux que possèdent les vertébrés, qu'on peut, à bon droit, s'étonner de les voir fonctionner dans un même but, et souvent même d'une manière encore plus merveilleuse. En effet, à l'exception de l'œil, les organes des sens ne sont pas connus; et pourtant, ces animaux entendent, sentent, et font choix de leurs aliments.

241.

L'étendue des instincts et la manifestation de l'intelligence ne sont pas, chez les articulés, le résultat d'un système nerveux compliqué. Le ganglion cérébral est à peine plus volumineux que les autres, et n'offre aucune prédominance de volume chez les insectes, comparés aux annélides; ici l'intelligence est révélée par la complication plus grande des parties extérieures, par leur nombre plus considérable et par une symétrie plus parfaite.

1. Annélides. Crustacés. Arachnides.

242.

Les **Annélides**, au corps cylindrique et mou, divisé en segments plus ou moins égaux, et privés d'organes de locomotion , sont inintelligents comme les mollusques, et doivent être placés au même rang que les rayonnés.

243.

Chez les **Crustacés**, à carapace solide, puissamment armés, et doués d'appareils de locomotion, l'intelligence s'éveille faiblement. Ils sont

voraces, et dominés par les besoins de l'alimentation. C'est pour les satisfaire qu'ils se font courageux, et parfois rusés. Les sentiments affectifs
sont nuls, et se bornent à la copulation, pour laquelle ils ont un invincible penchant. Les œufs
restent attachés à la mère jusque par delà l'éclosion, mais la sollicitude pour sa race n'en est
point pour cela éveillée; cette particularité, purement organique, et en dehors de l'instinct animal,
rentre dans les causes finales.

244.

Les **Arachnides** s'élèvent considérablement
au-dessus des crustacés, par l'instinct et par
l'intelligence[38]. Ces articulés, livrés pour la plupart sans défense à la voracité de leurs ennemis, savent se choisir et se construire des
retraites, qui sont tout à la fois des lieux de re-
fuge et des pièges. De tous les animaux chasseurs,
il n'en est aucun qui leur soit comparable dans
l'art de se construire des rêts, afin de s'emparer
des animaux dont ils font leur proie. Aucun ne
les égale non plus en patience, et ne sait persé-
vérer comme eux. L'araignée fait sa toile par
instinct, mais elle choisit le lieu où elle la tend
dans l'endroit le plus favorable à la chasse. Si
cette toile a quelques mailles brisées, elle la ra-
commode au point même où elle a été rompue,
et cet acte est intelligent.

2. Insectes.

245.

En étudiant l'organisation des **Insectes**, il est facile de reconnaître que la nature a fait beaucoup pour ces êtres singuliers. Ils volent, marchent, nagent, sautent. Les yeux sont parfaitement organisés, et leur bouche est armée d'une foule d'instruments puissants, à l'action desquels ne résistent pas même toujours les métaux.

246.

Nous n'essaierons pas de les comparer aux vertébrés, sous le rapport de l'intelligence; mais il nous sera facile de prouver qu'elle existe[39]. L'instinct les place en tête de tous les animaux connus, et souvent les produits de leur aveugle industrie étonnent par une régularité, à laquelle ne peut pas toujours atteindre la main intelligente de l'homme.

247.

L'instinct de reproduction, très-développé chez les insectes, n'est surpassé que par celui des mammifères et les oiseaux; ils s'élèvent, sous ce rapport, considérablement au-dessus des reptiles et des poissons.

248.

Les Coléoptères sont voraces, courageux et rusés ; la nature, qui les a couverts de parties solides et résistantes, et qui de plus les a bien armés, ne leur a prodigué ni l'instinct, ni l'intelligence ; cependant ni l'instinct, ni l'intelligence ne leur font absolument défaut. On a vu des *sizyphes* péniblement occupés à hisser, sur une pente inclinée, les boules qu'ils font avec de la bouse de vache, agir seuls tant que leurs forces étaient suffisantes, et recevoir un secours efficace d'individus de leur espèce, quand ils ne pouvaient suffire à leur tâche. Une fois la pente escaladée en commun, les auxiliaires revenaient reprendre leur travail personnel, momentanément interrompu.

249.

Les Névroptères et les Orthoptères, moins robustes que les coléoptères, ont un vol plus sûr et plus soutenu. Leur histoire offre bien moins d'intérêt que celle des Hyménoptères.

250.

C'est parmi ceux-ci qu'il faut chercher les insectes les plus intelligents, et ceux en même temps qui ont le plus d'instinct. Il est vrai qu'ils ont été plus soigneusement étudiés que les autres.

Les *fourmis* se construisent des villes souterraines, sans régularité apparente, mais avec un
art infini. Elles luttent victorieusement contre les
difficultés du terrain, et saisissent avec habileté
toutes les circonstances favorables qui se présentent, et qui peuvent les aider; elles vivent en paix
dans leurs demeures, et combinent leurs efforts,
afin d'assurer la bonne venue de leurs larves,
pour lesquelles elles se montrent pleines de sollicitude; les transportant dans les parties de la
fourmilière échauffées par le soleil, et les en re-
tirant quand la chaleur, devenant trop forte,
peut nuire à leur jeune progéniture. Sont-elles
dans la nécessité de changer de domicile, ce qui
arrive quand elles se croient en danger, elles
établissent des fourmilières intermédiaires et tem-
poraires, comme lieu de repos.

251.

Elles ont des pucerons, qui les nourrissent, et
qu'elles soignent dans ce but; des prisonniers qui
travaillent pour elles, et qu'elles font à la guerre
en combinant des attaques.

Les fourmis ont le courage, la résolution, la
patience, des sentiments affectifs très développés;
qui donc pourrait équitablement leur refuser l'intelligence? [40]

252.

Les *abeilles*, dont les actes sont plus réguliers, se rapprochent beaucoup des fourmis par l'intelligence. Ce qu'on sait de la conduite d'une ruche a depuis longtemps excité l'admiration. Les résultats obtenus par les mouches à miel, avec des instruments d'une simplicité extrême, atteignent à un degré de perfection incroyable. Appellera-t-on seulement instinct cette sollicitude de tous les instants! cette singulière distribution du travail! cette police admirable qui soumet tout à la règle, et obvie à l'instant à une foule d'éventualités que ne pouvaient en particulier prévoir ces animaux!

Les abeilles connaissent l'inquiétude, la haine, la colère. Elles modifient leurs actes suivant les circonstances, savent user de stratagèmes contre les ennemis plus forts qu'elles, et proportionnent la défense à l'attaque. Sont-ce là seulement des actes instinctifs?

253.

La grande intelligence des abeilles, et en général celle des apiaires, est prouvée, non-seulement par leur conduite dans la ruche, et dans la construction des nids, mais encore par le courage qu'elles font éclater contre les animaux qui les troublent dans leur œuvre. Elles deviennent furieuses, et ne connaissent alors qu'un seul sentiment, celui

de la vengeance. Il n'existe pas, que nous sachions, d'autres insectes que les apiaires, qui se
jettent sur leurs ennemis pour les combattre. "

254.

Parmi les mellifères, les *chalicodermes* ne
construisent de nids que quand ils n'en ont
pas trouvé de vieux. En ont-ils rencontré un,
ils le remettent en état. Les *xylocopes* ne se
creusent des demeures dans le bois, qu'après
avoir exploré les vieux troncs qui sont dans le
voisinage, afin de se loger dans les trous faits
par des générations antérieures d'insectes de leur
espèce ; ce qui les dispense de tout travail inutile.
Les *bourdons* pondent dans des nids fabriqués
avec de la mousse, puis mettent des provisions à
côté de l'œuf pour nourrir la jeune larve. Cela
fait, ils vont construire d'autres nids, et se com-
portent de même, en ayant soin de renouveler
les provisions des diverses pontes quand ces provisions s'épuisent.

255.

La tribu des *siphonaptères* (aptères à suçoir)
ne renferme qu'un très-petit nombre de genres.
C'est parmi eux que se trouve la puce, connue
surtout par ses incommodes piqûres. On est pourtant parvenu à dresser cet insecte et à lui faire

exécuter certains actes opposés à ses habitudes. Nous avons vu autrefois des puces exercées à traîner des voitures et de petites pièces de canon presque microscopiques ; elles se tenaient debout, portant une sorte de lance en bois. L'une d'elles, fixée sur le siége d'une petite berline, en rapport de dimension avec l'attelage, avait un petit fouet. Ces puces, qualifiées de savantes, étaient retenues captives à l'aide de chaînes d'une ténuité prodigieuse. Toute la France a pu voir ces merveilles de l'industrie et de la patience humaines.

256.

L'intelligence des HÉMIPTÈRES a été peu étudiée. La punaise qui grimpe au plafond pour tomber sur le nez du dormeur, lorsqu'il s'est isolé du mur, fait-elle acte d'instinct ou d'intelligence ?

257.

Les DIPTÈRES ne sont connus que par les souffrances qu'ils font endurer aux animaux. L'instinct de conservation est très-développé chez ces insectes.

IV. RAYONNÉS.

258.

Les RAYONNÉS obéissent aveuglément à leurs instincts, et ces instincts sont extrêmement bornés.

Les Polypiers pierreux, qui ont l'élégance des formes, l'éclat des couleurs, la symétrie et la durée, sont édifiés par des myriades d'ouvriers, instruments aveugles de la puissance souveraine ; une autre volonté que la leur les pousse vers un but inconnu. Chacun d'eux apporte quelques matériaux pour la construction d'un édifice dont nul ne peut coordonner les plans, et seuls nous savons le nom du suprême architecte qui en a réglé l'harmonie et disposé l'ensemble.

259.

Ainsi, chez les diverses espèces d'animaux, l'instinct et l'intelligence, secondés par la nature, et même parfois suppléés par elle, concourent à la conservation de l'individu et au maintien de l'espèce ; mais, indépendamment de ces causes apparentes, il en est de mystérieuses, qui semblent les contrarier, et qui n'en sont pourtant que la constatation éclatante.

IV. Loi d'équilibre ou de balancement numérique des êtres.

260.

La nature a prodigué la vie, et multiplié les germes à ce point, que si tous ceux d'une même espèce se développaient, et que les individus créés pussent complétement parcourir le cycle de leur vie, peu de générations suffiraient pour que l'une d'elles couvrît la terre, à l'exclusion de toutes les autres. *

261.

Mais comme l'espace est limité, chaque animal, à son insu, travaille à conserver la place qui lui est réservée sur la terre. Il y a donc incessamment, dans la nature vivante, action et réaction; et dans cette lutte de tous les instants, nul ne saurait être ni complétement vaincu, ni complétement vainqueur.

262.

Pour des yeux exercés, il est facile de reconnaître que tous les animaux ont une patrie, et que cette patrie est déterminée par l'organisation.

---

* On a calculé qu'une femelle de cyclope peut, dans l'espace de trois mois, donner lieu à 4 milliards et demi de naissances.

Chacun d'eux se fixe dans les localités qui conviennent le mieux à ses instincts. Celui-ci veut la plaine, cet autre la montagne; à celui-ci le chaud, à celui-là le froid. Il y a des animaux pour tous les milieux et pour tous les terrains. Or ces tendances, si diverses, isolent, groupent et confinent les êtres dans des limites plus ou moins étendues, et cependant déterminées.

263.

Les animaux sont donc retenus en un lieu restreint, où ils trouvent toujours les mêmes ennemis et une même proie. S'ils vivaient ailleurs, il leur faudrait d'autres instincts et d'autres armes. Tout, autour d'eux, est en harmonie; leur faiblesse et leur puissance est pondérée; et soit qu'ils cèdent ou qu'ils résistent, c'est dans un but à l'avance déterminé.

264.

La lutte qui s'ouvre entre les animaux, les causes de destruction qui les menacent et qui les atteignent, ne permettent pas à l'espèce de s'étendre indéfiniment. C'est là ce qu'on peut nommer *la loi d'équilibre ou de balancement numérique des êtres vivants*.

Elle soumet toute la nature vivante, et les animaux eux-mêmes concourent à son exécution.

265.

La nature veut le maintien de l'espèce, mais elle abandonne les individus à des chances nombreuses de destruction, qui, pour la plupart les atteignent, avant même qu'ils aient pu accomplir le grand acte de la reproduction. [42]

266.

Les carnassiers font leur proie des herbivores, et ils se dévorent entre eux ; les grandes espèces, qui pèsent fortement sur la nature vivante, produisent peu, et souvent on y voit les mâles dévorer leurs petits ; l'homme leur fait la chasse et les refoule jusque dans le désert, où elles meurent parfois de besoin.

267.

Les éléments font une rude guerre à la nature animée. Dans les régions équatoriales, les pluies diluviales, suivies de débordements, l'extrême chaleur et l'extrême sécheresse ; dans le Nord, le froid, et la suspension de toute végétation ; les vents impétueux, les orages et mille autres causes toujours agissantes coûtent la vie à des myriades d'animaux.

268.

Ces causes de destruction, auxquelles l'homme ajoute d'une manière puissante, sont de pleine évidence et d'une explication facile ; mais il en est d'autres, plus extraordinaires encore, et qui leur viennent en aide.

Pour augmenter les chances de mort chez certains animaux, qui pullulent trop, ou qui se montrent trop habiles à éviter leurs ennemis, la nature a mis en eux un invincible besoin de déplacement, qui les fait émigrer.

1. Migration des animaux.

269.

Quoique les *migrations* paraissent parfois servir l'instinct de conservation, en poussant vers le Sud les animaux qui ne pourraient s'alimenter dans le Nord, pendant les hivers : il n'en est pas moins démontré qu'elles ajoutent grandement aux chances de destruction, en exposant ces bandes voyageuses à tous les dangers qui résultent de trajets lointains, entrepris par delà les mers.

270.

On croirait que certains poissons vont s'offrir plus directement alors à la voracité de leurs ennemis, et que les oiseaux, d'ordinaire si timides, ont cessé de craindre la serre de l'aigle ou celle du vautour. Ces déplacements, nuisibles aux émigrants, sont utiles, il est vrai, aux populations d'animaux dont ces voyageurs traversent les territoires; mais il s'en faut de beaucoup que tous les morts profitent aux vivants. Il y a donc dommage évident pour les uns, et avantages faibles, ou même contestables, pour les autres.

271.

Les migrations, quoiqu'on en puisse dire, contrarient l'instinct de conservation individuelle. Cette loi s'adresse plus haut; préjudiciable aux individus, elle profite aux espèces, en laissant à chacune d'elles des chances plus nombreuses de conservation et de durée.

272.

De tous les grands phénomènes de la création, il n'en est aucun qui soit plus extraordinaire que le besoin d'émigrer qui s'empare de certains animaux.

Comment naît-il?

Comment se manifeste-t-il en même temps chez tous les animaux d'une même contrée?

Comment ces animaux adoptent-ils un même lieu de rendez-vous, sans se concerter?

Pourquoi le départ a-t-il lieu en même temps, sans qu'il y ait un seul dissident?

Quelle est la boussole qui guide les voyageurs à travers l'espace?

Comment se fait-il que le retour ait lieu à des époques fixes?

Comment arrive-t-il que soudainement les animaux, d'ordinaire indépendants, se soumettent passivement à la discipline la plus rigoureuse, et qu'ils obéissent à un même chef?

Ce chef, comment est-il choisi?

273.

Quelle est la source des forces nouvelles qui se développent en eux, pour leur permettre de franchir d'un seul vol d'immenses étendues de mer?

Comment peuvent se nourrir ces nombreux émigrants?

Pourquoi la caille, qui n'est point organisée pour un vol prolongé, éprouve-t-elle le besoin d'émigrer?

Pourquoi les lemmings émigrent-ils à des époques indéterminées? Pourquoi une année, et non l'autre?

Ces questions difficiles, qui les résoudra jamais?[43]

2. Irradiation de l'homme.

274.

Si ce que nous avons dit de la loi d'équilibre ou de balancement numérique des espèces, est vrai, l'homme ne saurait y échapper. Et en effet, bien que l'instinct de sociabilité lui permette de combiner ses forces et de savoir mieux résister que les autres animaux aux causes de destruction qui le menacent, il en est de spéciales, auxquelles il tenterait vainement de se soustraire.

275.

L'homme, qui s'éloigne si facilement de son centre de développement, cherchant tous les climats et vivant sous toutes les latitudes; l'homme, qui a envoyé des colons sur tous les points du globe, s'il n'obéit pas à l'instinct de migration, cède à un besoin qui n'en est qu'une simple forme, et que nous nommerons l'*instinct d'irradiation*.

276.

Il s'est emparé de la terre entière ; mais ses passions l'ont suivi. Ses besoins sont énergiques, et ce n'est pas sans péril qu'il peut les satisfaire. Il se hasarde sur les flots ; se met en lutte avec la nature pour lui arracher ses trésors ou pour deviner ses secrets. Chez lui, l'esprit domine le corps qui obéit en esclave ; cependant, telle est la puissance de son organisation, qu'il combat avec plus de succès que nul autre les causes de destruction qui sont en lui et autour de lui.

277.

Partout il pullule ; partout s'accroissent les populations ; partout se forment de nouvelles colonies; il semble qu'il commande à la vie et qu'il la distribue à son gré ; mais les générations futures sauront, à leur grand préjudice, comment peut agir la nature sur l'espèce humaine, pour la faire rentrer dans les limites numériques qui ne sauraient être impunément franchies. "

II.

FAITS ET REMARQUES.

FAITS ET REMARQUES.

***

I.

(Page 4, ligne 7.)

La langue métaphysique manque de termes pour qualifier nettement les facultés intellectuelles de l'homme et celles des animaux.

M. Flourens* loue Buffon et F. Cuvier de n'avoir point accordé la réflexion aux animaux, et pourtant** cet auteur éminent reconnaît qu'ils réfléchissent, jusqu'à certain point, sur les impressions perçues. Il y aurait donc deux sortes de réflexions : l'une humaine et l'autre animale; mais, si on les déclare différentes, n'aurait-il pas fallu leur donner des noms différents? On pourrait croire à quelque contradiction, tandis qu'il ne faut accuser ici que la pauvreté de la langue métaphysique.

***

* Sur l'instinct et l'intelligence des animaux, 2.ᵉ édition, p. 15 et 50.

** Ouvr. cit., p. 55.

II.

(Page 9, ligne 6.)

Les animaux, pour se perpétuer chacun dans leur espèce, n'avaient besoin que de l'instinct.

L'instinct suffisait pour perpétuer les races créées, puisqu'il veille à la conservation de l'individu et à la multiplication de l'espèce. La nature physique n'avait donc nul besoin de l'intelligence, et moins encore de l'intelligence perfectible, que de toute autre. Dieu aurait pu, s'il n'eût été dans ses desseins d'agir autrement, se contenter de faire l'homme instinctif; s'il en a fait un être intelligent et progressif, c'est que sa volonté toute-puissante le dirige vers un but élevé dont la portée dépasse le monde physique.

III.

(Page 13, ligne 9.)

De la réflexion et de quelques autres facultés intellectuelles des animaux, d'après Aristote, Montaigne, Charron et Voltaire; ce que pensait de l'instinct ce dernier philosophe.

Aristote * accorde la réflexion aux animaux; voici comment il s'exprime : «L'ensemble de la

---

* Liv. IX, ch. 7.

vie des animaux présente plusieurs actions qui
sont des imitations de la vie humaine. Cette exac-
titude, qui est le fruit de la réflexion, est encore
plus sensible dans les petits animaux que dans les
grands.» Charron, qui est de l'école aristoté-
lienne, comme Montaigne, qu'il suit pas à pas,
les traite avec la même générosité. Après avoir
énuméré les facultés intellectuelles de l'homme,
il déclare qu'il est bien difficile d'admettre que
les animaux en soient privés; aussi croit-il qu'ils
jugent, qu'ils combinent leurs idées, qu'ils rai-
sonnent et qu'ils réfléchissent. Il cite des faits
qui n'ont pu être accomplis sans *discours* et
ratiocination, conjonction et *division.* «C'est en
être privé, ajoute-t-il, que ne cognoistre cela.» *
Suivant ce philosophe nous sommes suspects en
ce qui regarde les animaux; nous leur taillons
les morceaux, et leur distribuons, suivant notre
humeur, telle portion de facultés et de forces
que bon nous semble. **

Avant lui, Montaigne s'était exprimé en termes
presque semblables: «C'est par vanité que l'homme
se trie soy mesme et separe de la presse des
aultres créatures, taille les parts aux animaulx ses
confrères et compaignons, et leur distribue telle
portion de facultz et de forces que bon luy

---

* Liv. I, ch. 35.
** Lieu cité.

semble*;» plus loin il accorde l'intelligence et la prudence aux abeilles, le jugement aux oiseaux ; il croit que l'araignée, en faisant sa toile, délibère, pense et décide ; que le chien raisonne, etc. Il y a bien loin d'Aristote, Montaigne et Charron, à Descartes, qui fait de tout animal un automate. La part d'intelligence concédée est d'un côté trop faible, et de l'autre trop considérable ; la vérité se trouve peut-être entre ces deux exagérations.

Aristote, Pline, Plutarque, Montaigne, Charron et quelques auteurs anciens, admettaient comme réels tous les faits attribués aux animaux ; ils devaient donc exagérer la portée de l'intelligence qui aurait présidé à l'exécution de ces actes extraordinaires. Plus tard, et quand l'histoire naturelle fut devenue une science positive, on rejeta ces faits, la plupart mensongers, et les auteurs qui n'en acceptèrent aucun, abaissèrent les facultés intellectuelles des animaux au point d'arriver à l'automatisme le plus complet.

Voltaire parle des bêtes bien mieux que n'en parlait Descartes. Elles apprennent, écrit-il, elles perfectionnent ce qu'on leur apprend, elles se corrigent ; elles connaissent la joie, elles ont le sentiment de la mémoire et un certain nombre d'idées.**

---

* Liv. II, ch. 12.
** Dict. phil., art. *Bêtes.*

Buffon n'a pas été aussi loin; car si nous croyons avec Voltaire que les animaux apprennent et perfectionnent ce qu'on leur apprend, il faut bien admettre qu'il y a réflexion.

Sans doute, fut-elle de même nature que chez l'homme, elle ne peut arriver au même degré de complication. Ce n'est pas «la puissance des idées générales et l'intelligence des choses abstraites», mais l'exercice de la mémoire, dirigé vers un but, arrêté d'avance par le jugement. Si l'on veut refuser la réflexion aux animaux, il faut aussi, pour être conséquent, leur refuser la pensée, qui demande du calcul, de la réflexion et de la méditation. Les opérations de l'intelligence sont très-compliquées chez l'homme, et très-simples chez les animaux : ici s'élevant jusqu'à l'abstraction, là différant à peine de la mémoire. L'intelligence animale, qui s'exerce sur des idées simples, et qui n'a d'autre résultat que celui de servir d'auxiliaire à des actions d'un facile accomplissement, peut être comparée à des notes qui répètent les mêmes sons sans pouvoir parvenir à former des accords, tandis que chez l'homme, ces notes, qui sont nombreuses, s'unissent pour produire des harmonies savantes et indéfiniment variées.

Voltaire, qui se montre si bon appréciateur de l'intelligence des animaux, n'avait aucune idée de l'instinct; il en plaisante, et, s'il faut le dire, sans grâce et sans esprit. Voici ce qu'on lit, ar-

ticle *Ame des bêtes,* dans le Dictionnaire philosophique. «Entre ces deux folies, l'une qui ôte le
sentiment aux organes du sentiment, l'autre qui
loge un esprit pur dans une punaise, on imagina
un milieu : c'est l'instinct; et qu'est-ce que l'instinct ? ho, ho! c'est une forme substantielle;
c'est une forme plastique ; c'est un je ne sais
quoi; c'est de l'instinct. Je serai de votre avis,
tant que vous appellerez la plupart des choses je
ne sais quoi, tant que votre philosophie commen-
cera et finira par «*je ne sais.*»

A l'article *instinct* du même ouvrage, il n'ad-
met guères que le mot; et il le confond, dans le
peu qu'il en dit, avec le sentiment. Instinct, *in-
stinctus, impulsus,* impulsion ; il se demande
quelle puissance nous pousse, et il répond que
c'est quelque chose de divin, évitant de répondre
directement que c'est Dieu.*

IV.

(Page 13, ligne 21.)

Les animaux connaissent le désespoir.

Certains animaux connaissent le désespoir. Le
coaïta, singe doux et timide, semble être hors de

---

* Voyez Propositions 18 à 20

lui quand on le gronde. Le lama, maltraité par son conducteur, se frappe la tête avec violence contre la terre, comme s'il voulait se tuer. Le chameau surchargé, et qui reste impassible sous le bâton, insensible en apparence à la douleur, a quelque chose de comparable au désespoir du stoïcien.

V.

(Page 18, ligne 16.)

La parole, donnée à l'homme, mais non créée par lui.

Nous établissons que la parole a été donnée à l'homme, comme l'instinct aux animaux. M. Flourens pense autrement.[*] Il dit : la parole, cette expression, créée par l'homme, de l'intelligence de l'homme. M. Eichhoff[**] s'exprime ainsi : Le langage n'est pas une invention graduelle ; mais une faculté inhérente à l'âme, issue spontanément, comme celle de la volonté toute-puissante et toute-sage qui a créé chaque être pour le bonheur.

Quelques personnes pensent à tort que les

---

[*] Ouvr. cit., p. 10.
[**] Parallèle des langues de l'Europe et de l'Inde, introd., p. 2.

langues sont d'autant plus riches et plus compliquées que la civilisation des peuples qui les parlent est plus avancée ; il n'en est pas ainsi. Certaines nations du Canada, par exemple, qui vivent dans l'état le plus primitif du monde, ont des langues dont le mécanisme est d'une complication extrême, et dont la syntaxe est tout à fait abstraite. Certes, ces pauvres sauvages n'ont pas fait cette langue, elle leur a été donnée. Ils n'avaient pas le nécessaire, et ils ont été gratifiés du superflu.

L'idée qui domine le paragraphe précédent a reçu des développements du plus haut intérêt dans une lettre que nous écrit M. de Dumast, auquel nous unissent les liens d'une étroite amitié.

«En général, dit-il, et sauf toutes les exceptions voulues, la règle qui résulte de l'observation des faits, c'est, indubitablement, que les langues sont d'autant plus compliquées, d'autant plus riches et plus naturellement belles, qu'elles sont plus anciennes. Le temps va les simplifiant et les appauvrissant toujours.

«Ce qui fait que le vulgaire s'y trompe, et que l'opinion inverse, tout erronée qu'elle est, a pu s'établir, c'est que l'on confond la richesse interne ou foncière avec la richesse externe, accessoire ou acquise ; en d'autres termes, la richesse *grammaticale* avec la richesse purement *lexique*. Ainsi, nous avons bien créé, de plus que nos pères, *oxigène, sporange, perfectibilité, décentralisation,* etc.; mais cela n'empêche pas notre langue, au fond, d'être dans sa charpente, dans ses ressorts, dans ses moyens constitutifs, plus pauvre que le dialecte de Marot, plus pauvre que le latin, et surtout que le grec, lesquels sont plus pauvres que le sanscrit. Et l'arabe d'aujourd'hui a-t-il les richesses grammaticales de l'arabe ancien? Et le grec moderne a-t-il gardé celles de l'hellénique? Et le persan a-t-il hérité de celles du zend ou du perse? Et quand les Turcs, dénationalisés, se seront mis à parler nos langues, y retrouveront-ils l'équivalent des magnifiques raffinements de là leur, qui était sortie des steppes de Kaptchak toute douée de ces mille délicieuses nuances? Et connaît-on, dans l'Europe civilisée, un idiome qui approche, en un degré quelconque, de l'inconcevable, de la prodigieuse, de la féerique opulence du basque?

«Plus une langue est antique et primitive, — sauvage ou non, cela n'y fait rien, — plus elle est riche et belle (de richesse et de beauté intrinsèque).

«Intrinsèque, disons-nous, car il s'agit ici de ses déclinaisons, de ses conjugaisons, de sa phraséologie, etc.; de tout ce qui constitue son *ossature* et sa *musculature.* Après cela, vient ou ne vient pas, l'*embonpoint;* c'est une autre affaire. Les langues que parle un peuple instruit, poli, métaphysicien, etc., gagnent assurément quelque chose; mais quoi? elles acquièrent *des mots*, et voilà tout.

«A la règle posée plus haut, il y a des exceptions, je l'ai déclaré; mais elles sont en petit nombre.

«La première, c'est pour la famille des langues sémitiques, laquelle, bien qu'ancienne, est assez simple, et même un peu plus simple que notre idiome français.

«Je dis *un peu*, car les idiomes sémitiques, à travers la pauvreté de leur mécanisme, possèdent, à raison de leur antiquité seule, certaines richesses grammaticales, qui se sont perdues avec le temps et dont, en conséquence, nous manquons; le nombre *duel*, par exemple.

«Mais d'ailleurs, on juge trop de cette famille par l'hébreu et ses congénères directs. Si l'on songeait plus à l'arabe, on verrait qu'il possède des procédés grammaticaux, dont, sous certains rapports, nous sommes loin d'atteindre l'opulence. Je parle ici de ses treize formes (à significations nuancées), pour la conjugaison d'une même racine verbale. Ce qui, par parenthèse, n'a lieu que dans l'arabe ancien, l'arabe actuel n'en ayant gardé que cinq ou six au plus. Pour complément de preuve, voici que l'idiome ehhkili (débris récemment découvert de l'antique langue des Sabéens, primitifs habitants du Yémen), se trouve être plus riche, à ce qu'il paraît, que l'arabe même des vieux poëtes d'avant l'islamisme.

«Une exception mieux marquée, non douteuse, a lieu pour le chinois et ses analogues. Là, les idiomes, quoique très-antiques, sont d'une grande simplicité. Mais ce groupe, où les mots sont universellement monosyllabiques et indispensablement chantés; où la signification des termes réside dans leur note musicale et varie avec l'échelle tonique, ce groupe diffère tellement des familles glossales ordinaires, qu'on ne peut rien conclure de l'un aux autres; car ils sont invariables dans leurs éléments.

«Où il y aurait un peu plus à discuter, ce serait sur le chapitre des langues de l'Océanie, idiomes, du reste, assez singuliers aussi dans leur physionomie, et composés presque uniquement de voyelles, comme des chants d'oiseaux. Quant aux langages américains, nulle difficulté : tous ils confirment le principe dont nous avons parlé; tous ils joignent à la sauvagerie primitive la possession de procédés grammaticaux, dont l'opulence, dont la beauté, ne laisse rien à désirer. Répétons-le donc : à certaines exceptions près (dont l'examen ici nous mènerait trop loin), la véritable règle, mon cher ami, — celle qu'étonnante ou non, il faut accepter, — c'est que, plus une langue a gardé le caractère des premiers âges, plus elle est riche, compliquée, magnifique et parfaite.

«L'art n'a donc été pour rien dans la structure ; et visiblement vous avez raison de rattacher. la parole au domaine des choses qui appartiennent à l'*instinct*.»

VI.

(Page 22 ; ligne 2.)

Les animaux classés d'après leur aptitude à produire des sons,

L'ordre d'après lequel on peut classer les animaux, sous le rapport de leur aptitude à produire des sons, est le même que l'échelle établie sur leur intelligence :

Voix articulée ou parole : l'homme.

Voix modifiée suivant les sensations de l'animal : les mammifères.

Sons modulés, chants et cris : les oiseaux.

Sifflements dans la crainte ou la colère : les reptiles.

Coassements non modifiables : la grenouille.

Sons stridents provenant d'appareils spéciaux étrangers au larynx : plusieurs insectes.

Animaux muets : un grand nombre d'articulés, les mollusques et les rayonnés.

VII.

(Page 30 , ligne 4.)

La méfiance chez les animaux est un auxiliaire de l'instinct de conservation.

Les animaux qui se laissent approcher de l'homme, sont, presque sans exception, des animaux stupides; tel est, par exemple, le pingouin. Ceux qui ont de l'intelligence, s'ils habitent seuls sur un territoire, sans avoir jamais connu d'ennemis, comme certains amphibies des terres polaires, ignorent la crainte, regardent avec étonnement les chasseurs qui s'apprêtent à les tirer, et ce n'est qu'après avoir vu plusieurs d'entre eux tomber sous les balles, qu'ils se jettent à la mer. Mais si ces mêmes animaux ont été attaqués par des ours, et que l'homme se présente à eux, ils le fuient, parce qu'ils savent qu'ils ont des ennemis; et ils se défient de lui, comme ils se défieraient de tout autre animal. Dans les pays où la faune est très-variée, que l'homme y ait ou non paru, les animaux ne se laissent approcher d'aucune créature vivante de grande dimension. Tous vivent en état d'hostilité les uns à l'égard des autres. Que cette défiance soit fondée ou non, elle existe, et elle est conservatrice.

Les animaux domestiques, sauf deux ou trois

espèces, prennent la fuite à l'aspect de tout autre
personne que leur maître; d'autres se laissent approcher, mais non toucher. Dans les villes, on voit
les chiens, les chevaux, les bœufs, les pigeons
s'effrayer moins de notre présence que quand ils
vivent dans les campagnes, surtout si elles sont
isolées. L'habitude de voir l'homme les familiarise
avec lui, mais non complétement. Le loup fuit
l'homme, sans doute parce qu'il a appris à le
craindre; mais il fuirait également devant un
chien de forte taille, devant un chat sauvage, un
ours ou une hyène.

Il est des animaux plus défiants les uns que les
autres. Les mammifères carnassiers, les oiseaux
de proie, les reptiles, le sont à l'extrême. Les
animaux que l'homme a l'habitude de chasser, sont
dans ce cas, et l'on cite entre autres les corbeaux;
mais est-ce par crainte du fusil, que l'aigle, les
autours, les éperviers, ne se laissent pas approcher?
est-ce par crainte du filet ou de l'hameçon, que
les poissons disparaissent aussitôt que le sol voisin
de la rive est ébranlé par les pas du pêcheur?
ou que la grenouille, au moindre bruit, gagne
ses roseaux. Le papillon, que l'enfant le plus agile
poursuit presque toujours vainement, connaît-il
la crainte? et l'insecte qui s'arrête sur nos lilas
en fleur, est-il moins prompt à prendre son vol
que celui qui butine sur la rose des Alpes? Non,
sans doute; la crainte est un auxiliaire de l'in-

stinct de conservation, elle est aveugle, et l'expérience des dangers courus ne vient, dans la presque-universalité des cas, rien y ajouter.

VIII.

(Page 30, ligne 18.)

L'antipathie que certains animaux ont les uns pour les autres, prouve qu'il doit y avoir des exemples de sympathie.

Certains animaux éprouvent les uns pour les autres, d'évidentes antipathies ; exemples : le chien et le chat, le loup et le chien, la marmotte et le chat, le furet et le lapin. Cette haine instinctive semble prouver qu'il doit y avoir des animaux d'espèce différente, qui éprouvent de l'affection les uns pour les autres. Chaque sentiment a nécessairement son contraire : l'antipathie prouve la sympathie, comme la paresse l'activité, et la lâcheté le courage. Les qualités ne méritent ce nom que parce qu'elles ont leurs opposés qui sont des défauts.

IX.

(Page 32, ligne dernière.)

Tout animal, ayant des sens, a de l'intelligence pour s'en servir.

«L'œil ne voit pas, c'est l'intelligence qui voit par l'œil. Quand on enlève le cerveau à un ani-

mal, il perd toute intelligence; mais, par rapport
à l'œil, rien n'est changé. «Il n'y a plus de
vision, parce qu'il n'y a plus d'intelligence.»*
Que conclure de cette remarque, si ce n'est
que les sens se trouvent sous la dépendance de
l'intelligence, qui seule donne la perception?
Tout animal, ayant des sens, doit donc avoir, à
un degré plus ou moins marqué, une intelligence
qui en règle l'usage, ou plutôt qui rend possible
cet usage. Aristote dit qu'il n'y a rien dans l'en-
tendement qui n'ait passé par les sens, et cette
remarque est aussi judicieuse que profonde.

X.

(Page 33, ligne 23.)

Les sens de l'homme sont en rapport de développement avec son intelligence.

Il est admis, d'une manière générale, en phy-
siologie comparée, que chez certains animaux les
sens sont plus développés que chez l'homme. Cette
assertion est très-discutable. Il n'est pas possible
d'évaluer la puissance sensitive de l'homme en
faisant abstraction de son intelligence, car c'est
précisément cette intelligence qui élève et perfectionne les sens. L'œil humain voit dans un paysage

---

* FLOURENS, p. 147 et 148.

une foule de rapports harmoniques et de détails,
que ne peuvent pas même soupçonner les animaux. Notre oreille entend des sons, et elle en
devine les causes originelles; elle distingue le bruit
du torrent d'avec celui de la cascade; le vent qui
précède l'orage, les éclats du tonnerre, l'arbre qui
tombe, la pierre qui se détache du rocher, le cri
des divers animaux, etc. L'olfaction permet de
faire les mêmes remarques. L'homme sait de
quelles plantes se dégagent certains arômes; il
en connaît l'origine; il compare les unes et les
autres, les groupe et leur impose des noms. Il
en est de même du goût. L'homme est le seul
animal qui *déguste* et qui *savoure*, comme il est
aussi le seul qui *touche*, c'est-à-dire le seul qui
puisse acquérir la connaissance de certaines pro-
priétés des corps qu'il *palpe;* telles que sont la
température, le poli, la rudesse, la mollesse,
la rigidité, etc.

Ce qui prouve, jusqu'à l'évidence, que les sens
sont essentiellement sous la dépendance de l'intelligence, c'est qu'ils se perfectionnent par l'éducation donnée à chacun d'eux.

La perfection de l'ouïe fait le musicien; celle
de la vue, le peintre; celle du goût et de l'odorat,
le gourmet et le fin gastronome; celle de la main,
l'habile ouvrier.

L'homme primitif a peut-être en effet des sens
inférieurs en puissance à ceux des animaux, mais

comment se faire une idée juste de l'homme à l'état de nature ? et où est cet homme ?

Il a été établi dogmatiquement qu'il y avait cinq sens, ni plus ni moins, et les appareils qui président à chacun d'eux ont été soigneusement décrits; cependant les insectes entendent les sons et perçoivent les odeurs, sans organe apparent de l'ouïe ou de l'odorat. Si l'on veut entendre par sens une faculté spéciale, établissant des rapports particuliers au profit des êtres qui la possèdent, ne peut-on regarder comme sens cette faculté, dont jouit l'oiseau, de pouvoir s'éloigner de son nid, et de le retrouver après avoir traversé les mers et franchi d'immenses distances? La chauve-souris qui, privée de la vue, évite en volant les corps étrangers contre lesquels elle devrait se briser, ne doit-elle cette faculté qu'à l'extrême finesse de son tact? La tortue qui, après avoir abandonné ses œufs, va retrouver ses petits le jour même de l'éclosion, n'a-t-elle pas un sens spécial qui l'avertit? Une foule d'animaux devinent les changements atmosphériques et se précautionnent contre l'effet des tempêtes et des ouragans; les herbivores, dont l'intelligence est pourtant assez obtuse, laissent intactes dans les pâturages les plantes vénéneuses, même celles qui sont inodores. On a qualifié, et avec raison, ces actes d'instinctifs, ce qui n'explique rien. Le mot *instinct* est gros de mystères, et peut-être sert-il à qualifier plusieurs facultés distinctes, plutôt entrevues encore que nettement définies.

XI.

(Page 34, ligne 6.)

Exemples de l'imperfection de la vue chez les animaux, lorsque l'intelligence n'en est pas l'auxiliaire.

Un insecte captif dans une serre, ne quitte pas la vitre devant laquelle l'a jeté le caprice de son vol, quoique fort souvent une ouverture se trouve à côté; il se consume en vains efforts et les renouvelle toujours, sans chercher à tourner l'obstacle. Un oiseau et une chauve-souris, trompés par la transparence du verre, se heurtent contre les vitres d'une croisée, où souvent ils se blessent. Ce qui leur est arrivé une fois, leur arrive toujours, sans qu'ils acquièrent d'expérience. L'homme voit le verre, les animaux ne l'aperçoivent pas. On vante avec raison la vue perçante de l'oiseau, mais cependant elle est abusée dans cette circonstance, sans que rien puisse rectifier cette illusion; la chauve-souris, si habile, même étant aveugle, à éviter les fils tendus dans une chambre, vole à l'étourdie et se heurte contre tout objet transparent qui semble pouvoir lui livrer passage.

XII.

(Page 35, ligne 7.)

Instinct et habitude.

M. Flourens* déclare que l'instinct précède toute habitude. Condillac** soutient que l'instinct n'est que l'habitude suivie de réflexion. Nous avons établi qu'elle était la négation de l'instinct et celle de l'intelligence, mais que celle-ci avait agi d'abord. Les actes d'habitude sont accomplis par des espèces de dormeurs éveillés, qui, heureusement pour eux, ne sont pas sans protection. Qu'un homme fasse machinalement un trajet et il évitera les obstacles imprévus qui s'opposeront à sa marche; le chien fera de même. L'intelligence est une sentinelle qui ne dort jamais que d'un œil.

XIII.

(Page 37, ligne 9.)

De l'âme des bêtes.

On a dit de l'âme des bêtes qu'elle était sensitive, et de celle de l'homme qu'elle était spirituelle. Une âme qui n'est pas spirituelle est-elle une âme?

---

* Ouvr. cit., p. 27.
** Traité des animaux, ch. V, 2.ᵉ partie.

Si l'homme a une âme spirituelle ne devrait-il pas aussi en avoir une sensitive comme les animaux ; il posséderait donc deux âmes ?

Quelques rêveurs ont supposé que Dieu, en créant l'homme et les animaux, n'avait fait qu'une seule âme, celle de l'espèce primitive, et que cette âme unique se diviserait et se subdiviserait à l'infini dans les individus qui se succèdent. Ainsi nous ne serions que la menue monnaie de l'âme d'Adam, et à la fin du monde Dieu n'aurait pas à juger les hommes, mais seulement l'homme ; une âme et non les âmes. Il n'y a pas une idée, si folle quelle soit, qui n'ait trouvé place dans la cervelle humaine.

XIV.

(Page 42, ligne dernière.)

Des limites de l'intelligence dans ses rapports avec les classifications zoologiques.

M. Flourens[*] reconnaît qu'il y a des degrés et des limites pour les familles, les genres et les espèces ; cependant il tranche la question, dans l'appréciation qu'il fait des embranchements et des ordres : Le mammifère, dit-il, placé si fort au-

[*] Ouvr. cit., p. 34.

dessus de l'oiseau, l'oiseau si fort au-dessus du
reptile et du poisson, TOUS les animaux vertébrés
si fort au-dessus des animaux sans vertèbres! ainsi
présentées, ces lois ne sont-elles pas trop abso-
lues ?

XV.

(Page 43, ligne dernière.)

Opinion de Réaumur sur l'intelligence dans les insectes.

Réaumur s'exprime ainsi* : «Nous voyons dans
ces animaux, autant que dans aucun des autres,
des procédés qui nous donnent du penchant à
leur croire un certain degré d'intelligence.»

XVI.

(Page 45, ligne 17.)

Opinion de Leuret sur l'encéphale considéré comme régulateur de l'intelligence.

«Le volume absolu du cerveau n'est pas dans
un rapport nécessaire avec le développement de
l'intelligence.

«Il en est de même du poids comparé de l'en-

---

* Mém. pour servir à l'histoire des insectes, t. I.er, p. 22.

céphale au poids du corps, et du poids comparé du cervelet de la moelle allongée et de la moelle épinière au poids du cerveau.

«Tous les mammifères, qui ont le cerveau couvert par les lobes cérébraux, sont intelligents; mais tous les mammifères intelligents ne présentent pas cette disposition organique. On trouve des cerveaux très-différents pour la forme, chez des animaux semblables par les mœurs. L'étendue de la surface cérébrale n'est pas en rapport néces-saire avec le développement de l'intelligence. Ni la présence des circonvolutions, ni leur nombre, ni leur forme, ne révèlent d'une manière absolue le nombre et l'étendue des facultés des mammi-fères.» [*]

XVII.

(Page 49, ligne 3.)

Expériences sur le système nerveux ganglionnaire des insectes.

Les effets dont il est parlé ne peuvent être ob-tenus sans de nombreux tâtonnements; il faut traverser, ou du moins léser, les ganglions, ce qui n'est pas toujours facile. C'est surtout en agissant vers la tête qu'il est nécessaire de procéder, le ganglion céphalique étant le plus gros.

---

[*] LEURET, Anatomie du système nerveux, t. I.er, p. 588.

XVIII.

(Page 49, ligne 13.)

Opinion de Leuret relative au ganglion céphalique des articulés.

Leuret[*] dit que le ganglion céphalique des articulés est pour eux ce que l'encéphale est pour les vertébrés. Nous n'allons pas si loin, et nous ne voyons là que l'analogue du cervelet; mais nous sommes d'accord avec cet anatomiste, quand il établit que la chaîne ganglionnaire du système nerveux représente la moelle rachidienne des vertébrés.

XIX.

(Page 52, ligne 5.)

Du courage chez les animaux.

Les grands animaux, qui pourraient dédaigner la ruse, la préfèrent cependant presque toujours à l'attaque ouverte; ménagers de leurs forces, ils n'en usent que dans un but utile : le lion, le tigre, la panthère, se mettent en embuscade pour surprendre les animaux les moins capables de leur résister. Toute lutte sans nécessité contrarie l'instinct de conservation, vers lequel convergent

---

[*] Ouvr. cit., p. 84.

presque toutes les actions des animaux ; jamais leur courage n'est désintéressé. Le chien, tel que l'a fait l'éducation, est une exception, en cela comme en beaucoup d'autres choses. Il a une double individualité : celle qu'il place en son maître, et la sienne propre, qui ne vient qu'après. Cet animal a deux qualités rares, même chez l'homme, le dévouement et l'intrépidité. Dans les combats qu'il livre pour défendre son maître, son courage désintéressé s'élève à la hauteur d'un sentiment.

XX.

(Page 53, ligne 8.)

Du degré de sociabilité chez les animaux.

Fréderic Cuvier* reconnaît trois états dans la manière de vivre des animaux ; les espèces solitaires : chats, martes, ours, hyènes ; celles qui vivent en famille : loups, chevreuils, etc. ; et celles qui forment de véritables sociétés : castors, éléphants, singes, chiens, phoques, etc. Il faut en reconnaître un quatrième, établi sur les animaux sociables, ceux qui se réunissent pour un travail commun. Cet état particulier est indiqué par Aristote**. Il existe des oiseaux qui font des

---

* Dans FLOURENS, ouvr. cit., p. 69.
** Hist. des animaux, liv. I, ch. 1.

nids en commun, et l'on sait que les apiaires et les fourmis travaillent ensemble à la construction d'alvéoles et de nids destinés à recevoir leurs larves; mais, pour rester dans les mammifères, auxquels Fréderic Cuvier songeait seulement, et dont il s'est peut-être trop exclusivement occupé, il en est un, le castor, qui se place dans la catégorie indiquée par Aristote, puisqu'il s'associe à des compagnons, pour construire des digues destinées à protéger la colonie tout entière.

XXI.

(Page 56, ligne 16.)

Examen de quelques opinions de J. J. Rousseau.

L'homme, à l'état primitif, a souvent exercé la plume éloquente de J. J. Rousseau. L'ouvrage dans lequel il a fait connaître ses singulières théories sur les *malheurs* de la civilisation, a été l'objet d'un examen spécial, qui termine ce volume; nous y renvoyons nos lecteurs.

XXII.

(Page 57, ligne 8.)

Mauvais côtés de l'homme.

Misérable en effet, même à l'état de société, disons-nous (passage cité), l'homme n'est-il pas

le seul animal qui tue ses semblables, et qui parfois les mange? le seul qui maltraite sa femelle et
qui médite longuement une vengeance? le seul
dont l'enfance soit aussi prolongée, et qui ait la
peau nue? le seul qui connaisse l'ivresse, le seul
qui se narcotise, qui mange par delà sa faim,
qui soit sociable par égoïsme, et qui mette volontairement un terme à sa vie par le suicide?

XXIII.

(Page 61, ligne 18.)

Peuples ichthyophages et créophages.

Lorsque l'intelligence de l'homme s'affaiblit ou
s'efface, il simplifie sa diététique qui ne diffère
plus alors de celle des animaux carnassiers. Les
Esquimaux, les Fuégiens et, plus rarement, les
Hottentots, mangent les chairs crues, avec une
gloutonnerie toute bestiale; s'ils avaient la force
du lion ou celle du tigre, des mâchoires et des
mains mieux armées, ils déchireraient leur proie
vivante, et ils la dévoreraient palpitante. Les poissons et les phoques sont la base de la nourriture
de ces peuples grossiers.

Un Esquimau mange autant que dix Européens,
et il digère beaucoup plus vite. Le Fuégien dévore
tout ce qu'il trouve, les poissons pourris, les
grands mollusques et les poulpes en pleine dé-

composition. L'Australien mange les reptiles crus, et s'il les présente au feu, c'est uniquement pour les débarrasser de leur peau. Ces déviations singulières aux usages habituels de la civilisation, indiquent que ces nations sont tombées au dernier degré de l'abrutissement. Il est bien difficile de ne pas croire à quelque modification de l'organisation, en voyant un Esquimau charger son estomac de dix kilogrammes de saumon cru, qui, étant cuits, suffisaient au repas de dix robustes matelots anglais[*]. Encore faut-il noter que l'homme polaire était prêt à recommencer, bien plutôt que l'Européen. Ces particularités, qui pourraient, si nous le jugions nécessaire, recevoir une plus grande extension, fournissent des arguments puissants en faveur des naturalistes qui soutiennent la pluralité des espèces dans le genre Homme.

Aux personnes qui objecteront que les Esquimaux mangent des chairs parce qu'ils ne peuvent manger autre chose, les végétaux ne croissant pas au milieu des glaces des pôles, on pourra répondre : pourquoi y vivent-ils ? qui les y a conduits et pourquoi y restent-ils ? Se sont-ils façonnés au climat, ou bien ont-ils été faits pour lui ? Grave et difficile question que nous devons écarter du sujet que nous traitons.

---

[*] *Second voyage* du capitaine Ross.

XXIV.

(Page 63 , ligne dernière.)

Intelligence appréciée dans les diverses races humaines.

L'intelligence civilise l'homme, ajoute à son bien-être, prolonge sa vie, adoucit ses mœurs, et chaque jour éclaire son esprit d'une plus vive lumière. Les siècles, en s'écoulant, amènent toujours ce résultat, et il est infaillible pour certaines races. Mais il est des contrées, très-heureusement et très-richement dotées par la nature, où l'homme semble inapte à jouir de ses bienfaits. Les nations qui vivent au bord des grands fleuves américains ou dans les vastes forêts de cette région privilégiée, sont pour la plupart restées stationnaires; et si l'on veut les croire sorties du même berceau que les Européens, il devient alors impossible d'expliquer cette longue enfance, à laquelle ne paraît pas devoir jamais succéder la virilité. L'instinct de sociabilité, chez elles, est extrêmement faible; elles s'isolent pour se nuire, au lieu de se grouper pour se venir en aide. Nous le voyons encore de nos jours : plus les populations tendent à l'agglomération, et plus aussi elles s'élèvent en intelligence. Les peuples sont comme les hommes, c'est en multipliant les points de

contact, qu'ils se polissent. La race à laquelle
nous appartenons, éprouve au plus haut degré
ce besoin de communication, qui rend les idées
fécondes. C'est là notre nature, notre idiosyn-
crasie morale ; nous voudrions être autrement
que la chose nous serait impossible. Les naturels
de l'Amérique du Sud et ceux de l'Amérique du
Nord tenteraient de nous imiter, qu'ils ne le pourraient pas. Nous avons nos tendances, ils ont les
leurs, et chacun cède à ses penchants.

XXV.

(Page 65, ligne 10.)

Races humaines stationnaires.

Il semble résulter de ce qui précède, que les
races humaines ne sont pas douées d'une aptitude semblable, et qu'il existe, pour quelques-
unes d'entre elles, des limites qu'elles ne peuvent
franchir. La Chine, stationnaire depuis des siècles,
n'est encore qu'à demi-civilisée, mais supposez
que ce vaste empire ait été peuplé par des
hommes de la race anglo-saxonne ou par des
Français, — et dites-nous ce que serait devenue
cette agglomération de 250 à 300 millions
d'hommes, en admettant qu'ils ne se fussent
pas démembrés. Quels progrès n'eussent pas faits
les sciences et les arts, et à quel haut degré de
splendeur ne seraient-ils pas aujourd'hui par-

venus ! Dans quelle situation prospère ne verrait-
on pas maintenant les innombrables populations
de l'Asie, et même celles de l'Océanie, si les races
à grande civilisation eussent agi directement sur
elles! Quoique séparées de nous par de grandes
mers, elles cèdent cependant peu à peu à notre
influence. Une longue transformation s'opère ; la
civilisation se fait conquérante. Les peuples organisés pour la comprendre, sauront s'y soumettre ;
ceux qui la repousseront, ne pouvant se plier à ses
exigences, disparaîtront devant elle, comme il
arrive partout où elle se heurte contre la barbarie.
On peut donc facilement prévoir qu'un jour vien-
dra où la terre entière sera civilisée ; et quoiqu'on ait pu dire par anticipation, des temps
meilleurs commenceront pour l'homme. Il sera
heureux autant qu'il peut l'être sur la terre,
car il aura l'intelligence qui permet la lutte ; la
résignation qui la rend persévérante, et le courage qui double les forces.

XXVI.

(Page 67, ligne 17.)

Des membres antérieurs dans les mammifères.

Chez tous les animaux, les membres thoraciques ont des mouvements plus étendus que les

membres pelviens, et ils ne servent pas seulement à la marche. Les carnivores trouvent en eux leur arme principale. C'est avec les pattes de devant qu'ils abattent leur proie, et qu'ils la fixent pour la dévorer. Les pattes antérieures sont prenantes dans plusieurs marsupiaux, ainsi que chez les écureuils et chez d'autres rongeurs. Elles fouissent la terre et construisent les nids. L'ours s'en sert pour l'attaque, comme nous de nos bras; les pattes antérieures des insectes, aidées des mandibules, dont elles sont voisines, accomplissent les actes les plus merveilleux de l'instinct. Lorsque les membres thoraciques sont modifiés, d'autres organes accomplissent les actes intelligents, comme il arrive chez les oiseaux qui se servent surtout du bec.

XXVII.

(Page 71, ligne 11.)

Particularités relatives aux singes.

Une foule de particularités curieuses se rattachent encore à l'histoire des singes.

Ils font la toilette de leurs petits, les débarbouillent à la rivière malgré leur résistance, les essuient, et les font sécher; les mâles aident les femelles dans ces opérations *hygiéniques*.

Un papion captif, qui avait perdu sa femelle

depuis trois ans, en avait eu un petit, malingre et rachitique, qu'il gardait toutes les nuits, en le serrant dans ses bras.

Lorsqu'un nouveau singe est admis au Jardin des plantes, dans la maison commune à tous, les anciens le mettent à l'épreuve et lui font mille niches. On ne pourrait s'empêcher de sourire si nous faisions le rapprochement que cette particularité semble naturellement amener. Les plus madrés veulent savoir avant tout s'il a des dents fortes et plantées solidement. Lorsque le résultat de l'inspection est favorable au nouvel arrivant on le laisse en paix, et toute agression cesse.

Lorsque les singes paraissent se pouiller, c'est seulement à la recherche des petites écailles épidermiques de la peau qu'ils se livrent; et ils les croquent uniquement pour occuper leur prodigieuse activité.

XXVIII.

(Page 75, ligne 8.)

Le chien.

Ce qu'on a obtenu du chien par l'éducation tient de la merveille. L'un d'eux, devenu célèbre sous le nom de Munito, était parvenu à faire des choses, qui semblaient exiger l'intelligence de l'homme. Il comptait, assemblait des lettres, jouait au domino, exécutait des tours de cartes, résolvait des questions en apparence difficiles, etc. Un employé des douanes, ayant beaucoup de loisirs, avait dressé plusieurs de ces animaux qui auraient rivalisé avec Munito. Il s'était mis dans la tête, que si un jeune chien pouvait être nourri par une femme, il atteindrait à l'intelligence de l'homme. L'expérience fut faite et, comme on le pense bien, elle ne réussit pas. Nous avons connu à Strasbourg tous les acteurs qui y prirent part; le père adoptif, la nourrice et le nourrisson.

Nous avons parlé du mépris injuste dont le chien était flétri. Un seul des grands systèmes humanitaires, celui de Zoroastre, s'est tenu à cet égard en dehors de l'ingratitude. La législation des Guèbres, en général si noble et si pure, a donné au chien une place tellement honorable, que l'on ne peut, sous ce rapport, l'accuser que d'exagération.

XXIX.

(Page 79, ligne dernière.)

Le chat.

Le chat est susceptible d'attachement; et même à un très-haut degré; mais il faut le laisser aller à ses allures et attendre ses caresses. Une chatte, qui ne pouvait souffrir qu'on la touchât, venait s'offrir à la main quand il lui semblait bien prouvé qu'on ne voulait pas la retenir captive. Elle restait seule difficilement, et, comme un chien, suivait le maître dans les appartements en miaulant doucement. L'isolement lui pesait, et il lui fallait une compagnie. Chaque fois que son maître s'absentait pour plusieurs jours, on ne voyait plus la chatte, prompte à reparaître aussitôt qu'il était de retour ; elle manifestait alors une vive joie. Cette chatte a toujours eu le même matou, qui, lorsqu'elle mettait bas, soignait les petits et les surveillait. Dans l'intervalle de chaque portée, ces deux animaux passaient chaque jour quelques heures ensemble, sans que jamais, pour cela, le chat ait paru dans l'appartement. Le grenier était un terrain neutre, qu'il ne quittait jamais, et il semblait savoir que hors de là il n'était plus chez lui.

La manière dont on apprécie le chat, est peut-être le résultat d'observations mal raisonnées. Cet animal a une réputation faite, et il n'y a plus à revenir sur ce qui depuis longtemps est accepté. Pourtant les personnes qui ont élevé des chats ont eu souvent l'occasion d'admirer leur sagacité. Tel chat de la campagne connaissait l'heure où son maître devait revenir de la ville, et il allait l'attendre au coin de la route, à plusieurs centaines de pas de l'habitation ; mais de telles preuves de sympathie avaient été méritées par d'extrêmes bontés. Le chat, quand il aime, n'est point banal. Il faut beaucoup pour obtenir son affection, et peu de chose suffit pour qu'on la perde; c'est précisément en quoi il diffère du chien. On le dit traître, parce qu'il griffe. Ses pattes sont armées d'ongles rétractiles, et souvent il s'en sert sans méchanceté véritable; si le chien, qui a aussi ses petites colères, était organisé de même, pareille chose arriverait. Le chat d'ailleurs, par antipathie native, est dans un état constant d'hostilité avec le chien, ce favori despote du logis, et il apprend à opposer la griffe à la dent. De plus, il est très-excitable par l'électricité, et peut-être est-ce à cette influence que l'on doit attribuer en partie les inégalités d'humeur auxquelles il se montre sujet. Toutefois il est juste de remarquer qu'il n'est jamais agresseur. C'est uniquement lorsqu'on veut le prendre et le retenir captif, qu'il se sert de ses armes. Le chien ne peut griffer, mais il mord, et il est bien peu de gens qui, dans leur vie, n'aient eu sur la peau l'empreinte des dents de cet animal, d'ailleurs si doux et si caressant.

Chacun a pu faire une remarque qui est en faveur de l'espèce féline. Lorsque les chats mangent à la même gamelle, ils restent en paix; lorsque les chiens prennent leur repas en commun, ils se battent. L'animal égoïste et tartuffe laisse la pitance à ses compagnons; l'animal doux et caressant arrache l'os à son voisin, pour se nourrir, s'il le peut, aux dépens de la communauté.

Les qualités du chien sont toutes relatives à l'homme, auquel il subordonne ses actes; avec les autres animaux, il est hargneux, agressif et colère, et ne ménage pas plus son espèce que les espèces étrangères. Les gros chiens attaquent sans pitié les petits, et ceux-ci en trouvent de plus faibles encore, sur lesquels ils se jettent. Il ne faut pas, pour apprécier cet animal, le juger en dehors de ses rapports avec l'homme; c'est alors qu'il devient exceptionnel et digne de tout le bien qu'on a dit de lui.

On me raconte en ce moment un trait d'attachement qui mérite de trouver place ici : Un pasteur du Hohwald (Bas-Rhin), vient de perdre une sœur, à laquelle un chien était très-attaché. Depuis la mort de sa maîtresse, le pauvre animal, s'il accompagne le pasteur dans ses promenades, ne manque jamais, lorsqu'il passe près du cimetière, de franchir d'un bond le mur d'enceinte; il court vers la tombe, déjà depuis quelque temps fermée, en fait cinq à six fois le tour, et revient, après cette courte visite à la tombe de la sœur, reprendre sa place auprès du frère, qui l'en aime davantage.

XXX.

(Page 80, ligne dernière.)

Les rongeurs.

Le rongeur, dit M. Flourens*, ne distingue pas individuellement l'homme qui le soigne de tout autre homme. Pourtant, la marmotte, qui est fort douce à l'état de captivité, s'attache à son maître. Établie au coin du feu, elle en chasse avec courage les plus gros chiens; Buffon croit qu'elle est susceptible d'éducation.

Les animaux vraiment intelligents regardent leur maître à la figure : le chien, par exemple; d'autres écoutent la voix et n'ont qu'un regard horizontal ou oblique; de près ils ne voient de l'homme que le buste et les vêtements. Le bison, dont parle F. Cuvier, est dans ce cas, et voilà pourquoi un simple changement d'habit suffit pour qu'il méconnaisse son gardien et qu'il cesse de lui être soumis. Les animaux ne peuvent lire sur la figure l'expression qui anime la physionomie humaine; eux-mêmes ne se regardent jamais face à face, et s'ils se regardaient, cette physionomie serait pour eux un livre fermé.

---

* Ouvr. cit., p. 38.

XXXI.

(Page 81 , ligne 3.)

Le castor.

Les animaux qui opèrent instinctivement, et qui se montrent artisans habiles, n'ont-ils que de l'instinct ? Il est bien difficile de borner là leurs facultés. Le castor, la fourmi, les apiaires et surtout l'abeille, qui se construisent des digues, des huttes, des villes souterraines et des alvéoles en commun, ont à lutter contre des difficultés imprévues, et que l'intelligence seule peut vaincre, sans cela ces animaux seraient de simples machines et s'élèveraient à peine au-dessus de la plante.

Fréd. Cuvier, pour juger le castor, a conclu du castor captif au castor indépendant. Ces deux situations sont trop différentes pour que l'on puisse rien en déduire de sérieux, ni pour, ni contre l'intelligence de cet animal. M. Flourens établit aussi que l'instinct singulier, qui distingue ce rongeur, n'est qu'un instinct[*]. Nous croyons, en effet, que l'instinct est pour beaucoup dans ce qu'il opère, mais nous pensons que l'intelligence y a sa part.

Les castors s'apparient pour construire leurs cabanes ; mais ils s'associent en grand nombre

---

[*] Ouvr. cit., p. 34 et 46.

pour élever leurs digues : œuvre souvent gigan-
tesque, qui ne peut être accomplie que par
les efforts combinés d'un grand nombre d'individus. C'est principalement ce travail en
commun qui m'étonne. Il me serait déjà bien
difficile de refuser l'intelligence au couple de
castors qui se bâtit une demeure; mais s'il s'agit
d'actions combinées, se dirigeant vers un même
but, je vois, dans la diversité des opérations
exécutées, une manifestation réelle de l'intelligence. N'a-t-il pas fallu choisir le lieu où la
digue pouvait être élevée ? et ce choix n'a-t-il
pas dû donner lieu à des appréciations sur les
difficultés ou les facilités d'exécution ? Est-il
possible de croire qu'il ne soit pas survenu,
pendant le travail, des accidents imprévus,
auxquels il a fallu remédier, et qui ont dû modifier le plan primitif? Les castors sont réunis
pour mener à bonne fin une opération qui sert
à l'association, et ils se livrent à un travail col-
lectif pour lequel l'intelligence nous semble
tout à fait indispensable.

XXXII.

(Page 83, ligne dernière.)

Le pécari et le cochon.

F. Cuvier élève beaucoup l'intelligence du
pécari et celle du cochon; il va même jusqu'à

rapprocher le cochon de l'éléphant*. Nous croyons que ces animaux échappent à tout parallèle. Le pécari, apprivoisé, s'est, dit-on, montré docile, affectueux et avidé de caresses. On assure que les cochons reconnaissent ceux qui les soignent, et ils sont mis en attelage, dans quelques parties de l'Écosse, avec l'âne et le cheval. Mais ce dernier effort de l'industrie humaine laisse encore à une prodigieuse distance de l'éléphant cet animal grossier et vorace.

XXXIII.

(Page 90, ligne 9.)

Le Renne.

Le renne est le seul animal à l'état sauvage qui, dans l'ancien monde, ait été réduit à la domesticité; car il est loin d'être prouvé, suivant nous, que le moufflon de Corse soit le type du mouton domestique.

XXXIV.

(Page 90, ligne 10.)

La chèvre.

La chèvre est vive, vagabonde, mais susceptible d'attachement. On cite des chèvres qui sont

---

* Hist. natur. des mammifères : *Babiroussa.*

mortes du chagrin d'avoir perdu leur maître ou leur maîtresse. Cet animal n'est pas farouche, même dans les pays inhabités.

XXXV.

(Page 92, ligne première.)

De l'intelligence chez les oiseaux.

Plus on étudie l'histoire naturelle des oiseaux, et plus on se convainc de l'étendue de leurs facultés intellectuelles :

Ils ont le sentiment de la propriété, et défendent leur nid.

Ils sont moqueurs. Quand une chouette paraît au grand jour, elle est huée par les plus petits oiseaux.

Il en est qui sont monogames, et l'on croit que le manchot est dans ce cas.

On attribue parfois à leur odorat ce qui doit l'être à la vue. Les corbeaux, suivant l'opinion commune sentent la poudre. Nous croyons bien plutôt que c'est le fusil qu'ils voient ; ils ont appris à en connaître les effets, et s'éloignent à tire d'aile du chasseur qui le porte.

Le manchot à lunettes est soumis à des habitudes d'émigration, et c'est à l'aide de la natation qu'il se transporte à de très-grandes distances.

Les pélicans pêchent en commun.

XXXVI.

(Page 100, ligne 12.)

Sentiments affectifs et intelligence des poissons d'après Leuret.

Lacépède, dans son style souvent hyperbolique, parle des *angoisses* des poissons, de leurs *agitations*, de leurs *embarras*, des *fatigues* de la recherche, du *trouble* du combat, des *inquiétudes* de la victoire, des *tourments* de la défaite. S'ils éprouvaient tout cela, non-seulement ils ne seraient plus des poissons, mais encore ils seraient supérieurs aux autres animaux.

Leuret, quoique plus réservé, n'échappe pas toujours à ces appréciations, qui donnent aux poissons des sentiments *quasi*-humains. Ils sont, dit-il, doués d'astuce et d'adresse; il en est de *doux*, parce qu'ils n'ont pas l'occasion de paraître cruels et *parce qu'ils ne mangent que de petits poissons;* quand les gros poissons viennent les manger, *ils se laissent faire sans comprendre de quoi il s'agit.**

Ce même auteur divise les poissons en *stupides, féroces, rusés, industrieux, sociables, amoureux*, s'unissant pour se reproduire, etc. C'est parmi ces derniers, que se trouve l'épinoche.

---

* Ouvr. cit., t. I.er, p. 211. (Expressions littérales.)

XXXVII.

(Page 100, ligne 25.)

L'épinoche.

Ce poisson est jusqu'à présent le seul qui se construise un nid, et qui permette ainsi de croire chez lui à un certain développement des sentiments affectifs; cet animal nourrit sa progéniture, comme les oiseaux qui donnent la becquée à leurs petits. C'est le mâle qui construit le nid, formé de racines, de tiges, de feuilles d'herbes. Le tout est aggloméré et maintenu à l'aide d'une matière visqueuse. Les femelles vont y pondre. Le mâle féconde les œufs et défend l'entrée du nid. Il se préoccupe de la conservation des petits, qu'il rassemble en une sorte de bande, dont il est le guide pendant le jour, et il les conduit la nuit dans la retraite qu'il leur a construite; l'épinoche se comporte sous l'eau exactement comme l'oiseau qui niche dans nos bois.

XXXVIII.

(Page 104, ligne 14.)

Sur les arachnides.

Les arachnides, quoique inférieurs aux abeilles, offrent un grand intérêt à l'observateur.

Les sentiments affectifs pour les œufs et pour les petits sont évidents chez plusieurs d'entre eux ; il en est de rusés. On assure qu'on est parvenu à en apprivoiser quelques-uns.

On les dit sensibles à la musique, et Leuret cite, pour le prouver, un fait* qui semble concluant.

Les arachnides ne sont pas, comme on sait, toutes fileuses ; on en connaît qui se creusent des terriers et dont l'ouverture est fermée avec un opercule mobile, etc.

XXXIX.

(Page 105, ligne 13.)

Appréciation de l'intelligence chez les insectes ; causes d'erreur résultant de la difficulté d'observer leurs actes.

Réaumur parle de la prévoyance des insectes et de leurs sentiments affectifs ; tandis que Buffon déclare qu'ils seraient au dernier rang, s'il n'y avait des huîtres et des polypes**. Telle est aussi l'opinion de M. Flourens***. Ce jugement ne nous paraît pas sans appel. En cherchant à apprécier les mammifères, on se met constamment sous les yeux le chien, le

---

* Ouvr. cit., t. I.er, p. 91.

** Discours sur la nature des animaux, t. IV, p. 91.

*** De l'instinct, etc., p. 24.

cheval et l'éléphant, sans vouloir se rappeler la stupidité du mouton, la torpeur du paresseux, la nullité absolue d'intelligence de l'hippopotame et du buffle. Ajoutons que les actes accomplis par les insectes échappent souvent à notre appréciation, tandis que la vie des grands animaux se passe sous nos yeux, et peut être jugée sans imposer de longs travaux à l'observateur.

XL.

(Page 107, ligne dernière.)

Fourmis et termites.

Leuret[*] dit, en parlant de la fourmi, que cet insecte est le premier dans la série des invertébrés, et que même, dans celle des vertébrés, y compris le singe et même l'éléphant, aucun animal n'est au-dessus; son histoire est celle de l'homme. Les fourmis ont un langage particulier; elles se construisent des habitations avec chambres particulières et salles communes, précédées de vestibules, avec cloisons, pilastres, contre-forts, etc.; elles livrent des batailles, entreprennent et soutiennent des siéges, s'emparent de prisonniers, qu'elles réduisent à l'esclavage. Les pucerons sont leur bétail, et

---

[*] Ouvr. cit. t. I.er, p. 100.

elles ont pour leurs larves la plus grande sollicitude. Si nous étions réduits aux dimensions de l'abeille ou à celles de la fourmi, et qu'elles atteignissent aux nôtres, peut-être verraient-elles en nous de petites bêtes assez intelligentes, quoique fort inférieures à elles.

L'histoire naturelle des termites est remplie de faits analogues et tout aussi extraordinaires.

XLI.

(Page 109, ligne 3.)

Sur les abeilles.

Refuser l'intelligence aux abeilles, est un véritable déni de justice. Ces insectes combinent leurs efforts, et doivent avoir nécessairement les moyens de se mettre en rapport les uns avec les autres.

Les abeilles agissent plus ou moins activement, suivant que l'activité ou la lenteur importe à la chose publique.

Quand deux reines se trouvent accidentellement dans une ruche, elles se battent jusqu'à ce que l'une d'elles meure.

Le premier soin d'une reine, nouvellement en possession de la ruche, est d'aller percer de son aiguillon les reines qui ne sont pas encore sorties de leur alvéole; le *peuple* la laisse faire; mais il s'oppose à la mort d'un certain nombre d'entre elles, lorsqu'il doit y avoir des émigrations, c'est-à-dire quand la ruche doit *essaimer*.

Le massacre des mâles n'a lieu que quand ils sont devenus inutiles à la république. On les conserve au contraire, aussi longtemps qu'il n'y a pas de reine féconde.

Lorsque les actes instinctifs sont aussi nombreux et aussi compliqués, on ne peut se dispenser de faire intervenir l'intelligence.

XLII.

(Page 114, ligne 6.)

Sur la limitation numérique des cigognes à Strasbourg.

Les moyens qu'emploie la nature pour régler le nombre de certaines espèces, sont loin d'être tous connus, surtout en ce qui a rapport aux grands animaux. Ainsi les cigognes, qui chaque année produisent au moins deux petits, et qui par conséquent partent en nombre double de celui de l'arrivée, reviennent, l'année d'après, diminuées de moitié, pour donner lieu chaque année à un pareil résultat.

A Barr, au pied des Vosges, il n'y a de temps immémorial qu'un seul nid de cigogne, jamais

vacant et toujours seul. Que deviennent les
petits ou les père et mère? Comment se fait-il
que la production n'ajoute rien au nombre, et
que les nids ne se multiplient pas? A Strasbourg, il n'y a point de cigognes au nord de
la cathédrale, et jamais cette ligne de démarca-
tion n'a été franchie, par aucune des générations qui se sont succédé depuis une longue
suite d'années; il en serait tout autrement si
elles s'accroissaient en nombre.

XLIII.

(Page 117, ligne 19.)

Causes des migrations, d'après Gall.

Le D.ʳ Gall attribuait les migrations des animaux à l'action d'un organe spécial du cerveau
qu'il nommait *localité*. Cet organe, périodique-
ment excité, exerce une influence à laquelle
il faut céder. Convenons que cette explication,
toute hypothétique, n'explique rien. Les pigeons
messagers, qui franchissent de grandes distances,
n'éprouvent rien de semblable. La faculté dont
ils jouissent est le résultat de l'éducation. On
les exerce à franchir de petites distances d'abord,
puis de plus considérables, et successivement.
C'est l'œil qui les guide dans leurs longs voyages,
et non l'instinct; aussi bon nombre de pigeons
ainsi lâchés n'arrivent pas à destination.

XLIV.

(Page 119, ligne dernière.)

L'homme ne saurait échapper à la loi qui limite le nombre des individus de chaque espèce.

Les causes qui favorisent l'accroissement des populations, ont leur antagonisme dans d'autres causes, qui tendent à les contenir dans de certaines limites. Le perfectionnement de l'agriculture et celui des arts, des lois protectrices, une hygiène plus parfaite, l'assainissement des terrains marécageux, une distribution mieux entendue des habitations, une nourriture abondante et variée, des vêtements en rapport avec les saisons, une meilleure éducation de la jeunesse, sont des circonstances avantageuses; la guerre et, à son défaut, les maladies épidémiques, de mauvaises récoltes, des troubles intérieurs, les passions prématurément satisfaites, l'apathie des masses, l'industrie même, s'opposent à la multiplication sans bornes de l'homme; mais si ces causes n'étaient pas suffisantes, on verrait le choléra redoubler ses fureurs, la fièvre jaune sévir avec plus de fréquence, la peste leur viendrait en aide; et, au besoin, des maladies nouvelles, ou en apparence éteintes,

seconderaient ces terribles agents de destruction. La pomme de terre et la vigne, déjà me-
nacées, cesseraient de produire ; les blés ne
fourniraient plus que d'insuffisantes récoltes,
et l'on verrait peu à peu les populations ainsi
frappées, s'affaiblir, et laisser aux autres animaux une plus large place sur la terre.

III.

Examen de quelques opinions de J. J. Rousseau
touchant l'homme primitif et les animaux ,
émises dans son discours sur l'origine
et les fondements de l'inégalité
parmi les hommes.

Examen de quelques opinions de J. J. Rousseau touchant l'homme primitif et les animaux, émises dans son discours sur l'origine et les fondements de l'inégalité parmi les hommes.

————

Le discours de J. J. Rousseau sur l'origine et les fondements de l'inégalité parmi les hommes, s'il n'est pas son meilleur ouvrage, est certainement l'un des plus célèbres. Il a souvent été réfuté; et il ne semble pas que ce soit une tâche difficile. La cause de la civilisation se défend d'elle-même, et il ne dépend pas du caprice d'un écrivain, quelque grand que puisse être son génie, de la mettre un seul instant en péril.

Beaucoup d'idées très-avancées, que l'on a voulu de nos jours rendre pratiques, y ont été puisées; et peut-être pourrait-on établir que la fameuse théorie du communisme, dont chacun a pu connaître la curieuse légende, n'est autre chose qu'une plus grande extension donnée au sens de la phrase de J. J. Rousseau, dans laquelle il est exprimé que la propriété est un simple droit de convention.

Mais ce n'est pas sur ce terrain que nous voulons suivre l'éloquent et paradoxal écrivain. Nous nous contenterons de l'étudier au point de vue de la psychologie et de l'histoire naturelle. Cependant, comme on le verra, nous pénétrerons ainsi au cœur des questions principales, sur lesquelles la critique n'a pas dit encore son dernier mot.

I.

A tout prendre, dit Rousseau, presqu'en débutant, (l'homme) *est organisé le plus avantageusement de tous* (les animaux). *Je le vois se rassasiant sous un chêne, se désaltérant au premier ruisseau, trouvant son lit au pied du même arbre qui lui a fourni son repas,* etc.

Ce tableau de la félicité des hommes primitifs est purement imaginaire. L'homme n'est pas, à beaucoup près, le mieux organisé de tous les animaux. Il suffit de nommer le lion, la panthère, le cheval, l'aigle, et presque tous les oiseaux, pour se convaincre à l'instant, qu'il est moins fort, moins agile et moins bien vêtu. C'est par une sorte de réminiscence des études classiques que l'on parle toujours de cette vie en plein air, au bord des ruisseaux, et sous l'ombrage des arbres à cime touffue. La diététique à laquelle Ovide soumet ses hommes de l'âge d'or, n'aurait pu leur donner la santé, ni prolonger leur existence jusqu'à la vieillesse, et les glands tombés des larges branches de l'arbre de Jupiter ne conviennent qu'aux pourceaux.

Un seul chêne, le *Quercus Bellota*, inconnu en Grèce et en Italie, indigène de l'Atlas, et que les Maures ont très-vraisemblablement propagé dans les parties de l'Espagne qui leur ont été soumises, porte des glands doux, riches en fécule et en sucre, ayant la saveur de la châtaigne; mais ce n'est là, ni le chêne des poëtes, ni celui de Rousseau.

Les glands des autres espèces du genre *Quercus*, chargés de principes astringents, sont tout à fait impropres à servir, même comme auxiliaires, à la nourriture de l'homme. Il n'existe dans les forêts européennes que le châtaignier, lequel n'est pas très-répandu, le hêtre, le noisetier, le pin à pignons du midi de l'Europe, et l'amandier des régions tempérées de cette même partie de la terre, dont les fruits soient mangeables, encore seuls, à l'exception de la châtaigne, sont-ils insuffisants.

Quant au fruit de l'arbousier et du cornouiller, ils ne peuvent, non plus que la mûre, la fraise ou la groseille, être d'aucune importance. Les pommes et les poires sauvages ne valent pas mieux, et quiconque s'en nourrirait exclusivement, tomberait dans la langueur et périrait. Il faut à l'homme des aliments azotés.

L'Europe centrale et l'Europe septentrionale ont été colonisées. Les premiers hommes qui ont vécu sous ce ciel rigoureux, durent y transporter des animaux domestiques, déjà façonnés à leur joug. Ils étaient chasseurs, pêcheurs, et versés dans quelques notions d'agriculture. L'usage du fer ne leur était pas entièrement inconnu, et leur corps était protégé par de grossiers tissus ou par des peaux de bête. Autrement, ils n'auraient pu braver l'inclémence de nos hivers, et ils seraient morts de faim ou de misère, au pied de l'arbre, ou sur les bords du ruisseau qui, suivant Rousseau, eussent dû être les témoins, ainsi que les causes, de cette félicité imaginaire.

II.

Le premier, dit le dangereux sophiste, *qui, ayant enclos un terrain, s'avisa de dire, ceci est à moi, et qui trouva des gens assez simples pour le croire, fut le vrai fondateur de la société civile.* Cette phrase, dans laquelle perce une sorte de mauvaise humeur contre la propriété, ne nous semble pas juste dans ses conclusions. Toute société dut commencer par la famille, comme il le dit ailleurs[1], et il ne paraît pas nécessaire de s'écarter beaucoup de la Genèse, pour expliquer l'origine de la civilisation, ainsi que ses progrès.

---

1. *Contrat social* (*Début*).

L'homme, créé mâle et femelle, disposa librement du territoire sur lequel Dieu l'avait placé d'abord. Des enfants naquirent, et les *devoirs* commencèrent. L'homme pourvut à l'alimentation et construisit l'abri sous lequel la femme allaita ses enfants. La famille étant fondée, l'*industrie* s'éveilla. Il fallut fabriquer des ustensiles, s'essayer à faire des tissus, rassembler près de soi les plantes utiles, soumettre à la domesticité les animaux capables de se plier au joug de la servitude. Il y avait dès lors *propriété* — un immeuble, la cabane et le terrain sur lequel elle était bâtie — un mobilier, les ustensiles grossiers qu'elle renfermait.

Le chef de cette famille naissante devait être tout à la fois le plus fort, le plus libre et le plus actif; ce rôle de protection échut au père. Responsable envers tous, il eut à se préoccuper du bien-être de tous. Cette autorité, fondée sur la plus sainte des bases, sur la paternité, ne pouvait être contestée; car elle résultait d'une double supériorité : celle de l'âge et celle de l'intelligence.

Le premier père fut donc en réalité le premier roi, et son autorité n'eut point de limites.

Les sujets de ce monarque respecté, c'étaient ses enfants; ils se multiplièrent rapidement, et reçurent, dans leurs premières années, les soins de la mère; les filles restèrent à celle-ci, mais les

fils devinrent les auxiliaires du père. Ils mar-
chèrent à ses côtés et il les dota de l'*expérience*,
cette connaissance incomplète des choses, si péniblement, et souvent si douloureusement acquise,
et le *progrès*, c'est-à-dire l'*éducation*, commença.
C'était bien peu d'abord; mais les générations, en
se succédant, ajoutèrent sans cesse à ce mince
héritage. La tradition, par la *parole* d'abord, puis
par l'*écriture*, recueillit une foule de procédés
usuels, qui devinrent l'origine des *arts*, et ceux-ci,
soumis au raisonnement et à l'appréciation, préludèrent aux *sciences*.

Le premier rameau du grand arbre généalo-
gique du genre humain, celui qui commença cette
dichotomie, jusqu'ici sans terme, dans laquelle
vont se perdre les plus hautes origines, date du
premier couple que bénit la main paternelle. Ce
couple heureux resta soumis, ainsi que ceux qui
lui succédèrent, à l'autorité du père, dont la cabane, trop petite pour tous, fut bientôt entourée
par de nouvelles habitations; l'art grossier qui
présida à leur construction, devint l'*architecture*.
Ainsi se formèrent le *hameau* d'abord, puis le
village, puis la *ville*, et enfin les grandes cités
qui furent Babylone, Ninive, Tyr ou Carthage.

Le père de cette famille passée à l'état de tribu,
et qui allait constituer une nation, remplissait les
fonctions du sacerdoce. C'était lui qui présidait au
culte, et dont la main offrait au Très-Haut, avec

des vœux et des prières, les prémices des récoltes. L'autorité du père s'accrut de celle du pontife, et il put poursuivre son œuvre pacifique sous l'œil de la Providence. Sur la fin de sa vie il sentit le besoin de partager son pouvoir et il s'appuya sur ses fils aînés. Un conseil de vieillards, dans lesquels il les fit entrer, sorte de gérontocratie qui longtemps se perpétua chez les peuples, sous les noms de *sénat* ou d'*aréopage*, fut institué pour rendre la justice et connaître des différents et des crimes. Il présida ce grave tribunal; car s'il fut le premier roi et le premier prêtre, il voulut être aussi le premier magistrat; mais lui seul pouvait ainsi concentrer dans une seule main, une autorité qui demandait à être partagée pour rester universelle dans son action. Déjà elle allait échapper au vieillard débile, lorsqu'elle se rajeunit et se tempéra en passant au fils aîné, par application du droit d'*hérédité* qui d'abord prévalut; car ce ne fut que bien plus tard que les peuples en vinrent à préférer l'*élection*, et à soumettre l'*élu* à l'empire d'une loi écrite, qui prit le nom de *contrat social, de charte* ou de *constitution*.

Mais pendant que s'opéraient ces transformations, qui sont dans la marche ordinaire et régulière des destinées humaines, d'autres centres s'étaient peuplés, en suivant les mêmes voies, pour arriver à des résultats semblables. Des hommes aventureux s'étaient volontairement et depuis long-

temps séparés de la famille-mère. Poussés par un
vague besoin de l'inconnu, ils avaient au loin
fondé des *colonies*. Ces émigrants perdirent rapidement le souvenir traditionnel de leur origine,
et constituèrent un peuple distinct, ayant une langue, des mœurs et des habitudes à lui. Il pros-
péra et s'étendit sur un vaste territoire, se rapprochant peu à peu de la nation dont il était sorti.
Celle-ci, sans le savoir, avait marché dans la
même direction, en reculant aussi ses limites,
et l'on vit bientôt des hommes, nés d'un même
père, et qui réciproquement se qualifiaient de
barbares, venir se heurter au point de contact,
comme deux torrents formés à la même source
et accidentellement séparés, qui se brisent l'un
contre l'autre, avant de pouvoir mêler leurs eaux.
Les grandes *guerres*, auxquelles l'homme avait
préludé par des *troubles civils*, éclatèrent sur
les limites mal déterminées des deux pays; on se
battit à la *frontière;* puis il y eut *conquête;* le
vainqueur força le vaincu à accepter des traités
onéreux, ou même se l'incorpora violemment, pour
constituer ces corps politiques que la force seule
tient unis, et qui tendent invinciblement à se sé-
parer pour reprendre leur nationalité. Ces longues
exterminations d'hommes furent célébrées par les
poëtes, et les noms des chefs militaires qui les
rendirent ou plus complètes, ou plus fréquentes,
furent entourés d'un souvenir glorieux. Ingrats

que nous sommes, chacun de nous connaît Cyrus, Alexandre, César ou Gengis-kan, et nous ignorons jusqu'à la patrie des hommes qui les premiers cultivèrent les céréales, taillèrent la vigne ou greffèrent nos arbres fruitiers !

Mais enfin, et malgré ses fautes ou ses crimes, quel que soit d'ailleurs le sentier dans lequel l'homme s'est engagé, il a marché, et il est temps de se demander s'il est devenu plus heureux en s'éloignant du berceau de la civilisation. Contrairement à ce que J. J. Rousseau en a décidé, nous répondrons, sans aucune hésitation, par l'affirmative. Nos vertus et nos vices sont ce qu'ils étaient sans doute, car nous ne pouvons pas changer notre nature; mais nous faisons un meilleur usage de nos qualités natives, et nos mauvais penchants sont mieux contenus. Non-seulement les lois défendent la société, mais encore elles la font progresser. Veut-on savoir quel est le peuple le plus avancé en civilisation? Il faut se demander quel est celui de tous qui se montre le plus aveuglément soumis à la loi. C'est dans ce respect profond et dans cette obéissance passive, que consiste la seule perfection morale à laquelle nous puissions prétendre. Ce respect et cette obéissance aux lois, sont si nécessaires à l'homme, que la religion elle-même, qui les enseigne, en a fait une partie du dogme.

Pour juger de l'état social, il ne faut pas se

préoccuper uniquement des vices que présentent
les institutions humaines; car nous ne pouvons
rien créer qui ne témoigne de l'imperfection
de notre nature. Il faut subir cette loi et tâcher
d'en atténuer la rigueur. Toute amélioration entraîne après elle des imperfections; il s'agit uniquement de savoir si les avantages sont plus nombreux, et s'ils l'emportent sur les inconvénients.
On peut médire de tout. La propriété a créé des
priviléges et partagé les hommes en catégories:
ceux qui possèdent et ceux qui ne possèdent pas;
elle a enfanté des procès et divisé les familles;
l'industrie exploite le travailleur et ruine souvent
l'industriel par la concurrence; la navigation sert
l'esprit de conquête et de domination; le commerce
est égoïste; il y a des rois tyrans, des prêtres fa-
natiques, des poëtes licencieux; les beaux-arts
servent le luxe et la mollesse, et nous nous éga-
rons en marchant à la suite des grands écrivains.
Est-ce à dire que la propriété soit un mal, l'industrie un fléau, la navigation nuisible? Faut-il
chasser les prêtres du sanctuaire, briser la lyre
du poëte, les pinceaux du peintre, le ciseau du
sculpteur, et devons-nous étouffer la flamme du
génie? Non, sans doute. Nous nous rappellerons que
la propriété, divisée et subdivisée, étend le bien-
être et le rend durable; que, grâce à l'industrie,
l'homme a su ajouter à sa vie ce que la vîtesse
lui fait gagner de jours perdus pour le travail ou

pour le plaisir ; que la navigation et le commerce
resserrent les liens sociaux ; que les beaux-arts
embellissent la vie, et que le génie nous éclaire
d'une flamme toute divine.

D'ailleurs, si la société se perpétue, ne faut-il
pas conclure que les éléments conservateurs l'emportent sur les principes de destruction, et que,
par conséquent, l'homme a plus de qualités que
de défauts ? Laissons donc Rousseau, qui, du reste,
n'en pensait pas un mot, vanter les douceurs de
la vie du sauvage. Ce grand philosophe, s'il était
parfois persuadé, voyait tout à travers les vapeurs
de l'hypocondrie. Nous valons peu ou nous valons beaucoup, suivant le point de vue auquel
nous nous plaçons. Nous ressemblons à ces montagnes dont les versants ont des expositions différentes : ici abruptes et rocailleuses, là riantes et
fertiles. Le voyageur qui les décrira, les fera gra-
cieuses ou désolées, suivant qu'il les aura vues
du sud ou du nord. Tel est l'homme, abîme ef-
frayant, dont l'œil n'ose sonder la profondeur, ou
campagne fécondée par la culture, couverte de
riches moissons. En vain tenterait-on de savoir
dans quelle mesure le bien ou le mal lui ont été
donnés. Nul de nous ne peut le dire. Ce secret
est celui de Dieu, qui jusqu'ici n'a daigné, que
nous sachions, le révéler à personne.

III.

La qualité très-spécifique, écrit J. J. Rousseau, qui sépare l'homme des animaux, est la faculté de se perfectionner. Il ressort de cette loi de l'humanité, que l'homme ne peut rester stationnaire; il passe à travers l'ignorance, mais il n'y reste qu'accidentellement; ce sommeil de l'intelligence cesse; il se réveille tôt ou tard, et il marche. Il existe un homme primitif, comme il existe un homme enfant; mais, dans les deux cas, c'est un état de transition, qui ne peut servir à constituer nn système d'après lequel on apprécierait l'un indépendamment de l'autre. Il faut que l'homme se perfectionne, dites-vous; or, se perfectionner, c'est s'améliorer, et toute amélioration doit ajouter au bonheur. On ne saurait admettre que le perfectionnement puisse consister à vivre, demi-vêtu, sous un toit de feuillage, dans une complète indifférence de l'avenir. Cette existence, très-voisine de la vie animale, laisse à jamais l'intelligence engourdie. L'homme, alors, n'est pas à l'état naturel, mais bien à l'état négatif. Il n'est rien encore, ni heureux, ni malheureux; tout est chez lui rudimentaire et en germe; ses vertus n'acquièrent aucun développement; il a peu de vices, il est vrai, mais ils sont grossiers comme sa nature.

IV.

Pour J. J. Rousseau, l'homme civilisé n'a pas gagné, il a perdu. Nous disons : *pauvre sauvage;* il s'écriait : *pauvre civilisé!* En cultivant les arts et les sciences, en aimant les lettres, en cherchant l'aisance et les douceurs de la civilisation, nous compromettons notre bonheur : c'est en restant près de la nature qu'on peut seulement espérer d'être heureux; mais personne ne veut y rester. Aussitôt qu'il le peut, le sauvage s'éloigne de cet état primitif, et suivant notre philosophe, voilà le mal : les vices qu'il n'avait pas sous son toit de chaume ou de feuilles de bananier, il va les avoir, s'il couvre sa maison de briques ou d'ardoises; il ne vaudra plus rien absolument s'il change ses ignames contre un pain de froment, et c'est un homme perdu s'il charge son corps d'un tissu moelleux.

Le bonheur et le bien-être sont choses distinctes. Dans toutes les situations possibles il manque quelque chose à la félicité de l'homme; mais nous avons le bien-être que le sauvage n'a pas, et cet accessoire de la félicité humaine a certainement sa valeur. Nous dissimulons nos vices; le sauvage n'a nul souci des siens. *Nous faisons notre bien avec le moindre mal d'autrui qu'il est possible,* suivant la maxime de bonté naturelle, proposée par J. J. Rousseau, et nous avons sur le sauvage le mérite de nos œuvres, puisque le mal nous est mieux connu.

Soutenir, que plus il est civilisé, plus l'homme est à plaindre, c'est se livrer à un jeu d'esprit. Suivant ce système, les hommes intelligents n'auraient pas la dose de félicité accordée aux imbéciles, et ceux-ci, chez lesquels brille encore un pâle reflet de civilisation, seraient par cela même moins bien partagés que le sauvage; moins heureux, sans doute, que le singe, qui, s'il le pouvait, envierait à son tour le sort des animaux inférieurs. D'où il faudrait conclure que ce qu'il y a de mieux sur la terre, c'est d'être une roche solidement appuyée sur sa base. Nous retrouvons ici, sous une autre forme, la reproduction de la fameuse phrase de Saadi, dans laquelle il est dit qu'il vaut mieux être assis que debout, couché qu'assis, endormi qu'éveillé, pour conclure que la mort est le souverain bien.

C'est aussi ce que prétend Rousseau, en soutenant qu'il vaudrait mieux ne pas avoir vécu. Cette opinion, discutable au point de vue philosophique, ne saurait l'être au point de vue religieux. D'ailleurs, l'alternative n'ayant jamais été posée à l'homme, il faut bien qu'il accepte la vie; et ce qu'il a de mieux à faire, c'est de se la rendre tolérable. Quoi qu'on en puisse dire, c'est quelque chose que d'avoir joui, même pour un temps,

du merveilleux spectacle de la nature ; d'avoir
pu élever son intelligence jusqu'aux choses cé-
lestes ; de s'être posé, même sans avoir pu le
résoudre, le grand problème du système de l'univers. C'est quelque chose que d'avoir vécu en
soi et hors de soi, et d'avoir joui des œuvres du
génie, dans lesquels l'intelligence humaine brille
de tout son éclat ; mais ce qui est bien plus encore, c'est d'avoir pu rattacher au nom qu'on a
porté le souvenir du bien qu'on a fait aux
hommes. Or, s'il l'eût voulu, Rousseau aurait
eu ce rare privilége, et il lui suffisait pour atteindre ce glorieux résultat, de plier son esprit
aux tendances de son cœur.

V.

Tout ce qui réduit les sensations, dit-il encore, *est une cause de bonheur*. Nous pour-
rions peut-être soutenir, et avec plus de raison,
que tout ce qui tend à les multiplier ajoute au
bonheur de l'homme. Manger pour s'alimenter,
aimer pour procréer, agir peu, penser moins
encore, se laisser aller au courant des choses,
ne point songer à la mort et la subir avec indifférence, voilà ce que fait le sauvage, et sa
félicité est, suivant vous, complète. Qui voudrait d'un pareil bonheur ?

La vie, pour nous, c'est l'action. Il faut des passions, même pour les combattre; de la raison, pour en régler l'usage; des douleurs, pour comprendre le plaisir; des résistances, afin de les vaincre. Il faut connaître l'amour, l'amitié, l'enthousiasme; désirer la gloire, même sans pouvoir espérer de l'atteindre; chercher le perfectionnement complet de son être, quoiqu'on le sache impossible. Il faut étendre son intelligence; jouir de celle des autres; avoir des espérances déçues, des joies inattendues, des projets qui ne peuvent se réaliser; il faut s'associer aux souffrances de ceux qu'on aime, et vivre dans autrui. Si la mort est le calme et le repos parfait, le mouvement est ce qui s'éloigne le plus de la mort, et l'on doit d'autant plus se sentir dans la vie qu'elle diffère davantage de l'immobilité et du silence des tombeaux.

Dans quelques siècles l'homme sauvage aura disparu de presque tous les points de la terre. A quel degré de civilisation parviendront ces nouveaux émancipés? Nous ne pouvons le dire.

On serait disposé à croire, ainsi que nous l'avons fait pressentir ailleurs, qu'il est des nations inférieures en intelligence à certaines autres, et l'on irait chercher ses exemples chez l'Éthiopien, le Hottentot, le Papou, l'Australien, l'Esquimau. Si cette hypothèse était prouvée, on aurait acquis la preuve que ces hommes ne constituent pas seulement des races, mais des espèces. La grave question de l'unité ou de la pluralité des races chez l'homme, impossible à résoudre d'une manière victorieuse par des considérations déduites de l'organisation physique, recevrait enfin une solution, si l'on parvenait à apprécier le degré de capacité progressive de ce que l'on nomme simplement les variétés de l'espèce humaine.

VI.

J. J. Rousseau affirme que l'on voit toujours le sauvage se livrer étourdiment au premier sentiment de l'humanité (la pitié). Rien ne paraît plus faux. La civilisation, si elle n'éveille pas la pitié chez tous les hommes, rend plus apte à se sentir touché par elle. Les guerres, chez les sauvages, donnent lieu à d'impitoyables massacres, à des tortures que l'on fait subir aux prisonniers, et souvent même à l'antropophagie. Un navire échoue, et les indigènes le pillent; ils sont dissimulés, voleurs et gourmands. Dans beaucoup de contrées, les femmes sont au premier venu. Les familles livrent les jeunes garçons et les jeunes filles au marchand d'esclaves. Les femmes y sont opprimées et réduites à des travaux au-dessus de leurs forces.

Certes, il faudrait que l'homme civilisé valût bien peu pour ne pas valoir davantage. Toujours persuadé que la civilisation rend cruel et égoïste, J. J. Rousseau refuse la pitié aux riches et aux intelligents, pour en doter les pauvres et les inéduqués. Les réformateurs modernes ne professent pas d'autres doctrines. Dans les émeutes, suivant lui, ce sont les femmes des halles qui séparent les combattants. S'il eût été assez malheureux pour voir les scènes populaires de la révolution et nos troubles civils de 1830 à 1850, il eût pensé tout autrement. Civiliser l'homme, c'est adoucir ses mœurs et le rendre meilleur. Quand on s'est élevé par l'intelligence, on comprend mieux la vertu; et si on ne la pratique pas toujours par tendance naturelle, on la pratique du moins par dignité personnelle, et la société en profite.

VII.

J. J. Rousseau, d'un coup de plume, transforme en animaux dépravés tous les philosophes, tous les penseurs, et lui-même. J'ose presque assurer, dit-il, que l'état de réflexion est un état contre nature, et que l'homme qui médite, est un animal dépravé. Or, le mot *dépravé* ne peut se prendre qu'en mauvaise part; il signifie passé d'un bon à un mauvais état. L'homme n'est pas, selon J. J. Rousseau, un être né pour penser. S'il étend les bornes de son intelligence, il se déprave ; ainsi, plus il ignore, moins il pense, et plus il reste dans sa nature.

O Rousseau, vous qui avez tant pensé, tant rêvé, tant médité, combien vous fûtes dépravé !

VIII.

Notre philosophe va jusqu'à se poser cette question : Pourquoi l'homme seul est-il sujet à devenir imbécile ? N'est-ce point parce qu'il retourne dans son état primitif. Ainsi l'état primitif de l'homme serait l'imbécillité !

Rousseau ignorait qu'un homme qui devient imbécile est malade. Écrire qu'à l'état de nature, et tel qu'il est sorti des mains du créateur, l'homme était idiot, est une énormité si grande, qu'il y aurait du ridicule à aller au delà du simple énoncé de cette assertion bizarre.

IX.

Après avoir donné à l'homme sauvage la supériorité morale sur l'homme civilisé, J. J. Rousseau le déclare plus fort physiquement. Il n'en est rien. On a constaté plusieurs fois dans des

voyages de circumnavigation, à l'aide du dy-
namomètre, que les Européens étaient plus forts
que les hommes des tropiques et que ceux de
l'équateur. Dans une lutte, le sauvage pourrait
l'emporter sur le civilisé, à l'aide de quelque se-
crète manœuvre, adroitement employée, comme
on voit parmi nous des hommes, relativement
assez faibles, renverser des hommes plus forts
qu'ils ne le sont eux-mêmes, en se servant à
l'improviste d'une passe dont l'effet met en défaut le lutteur le plus robuste. Ici, l'adresse
l'emporte sur la force, et elle en triomphe. Les
sauvages, comme tous les animaux faibles, sont
plus rusés que courageux. Suivant J. J. Rousseau, les habitants de Vénézuéla s'exposeraient
presque nus dans les bois, sans craindre d'être
jamais attaqués par les bêtes féroces ; car, dit-
il, il ne paraît pas qu'aucun animal fasse naturellement la guerre à l'homme. Or il est bien
prouvé que, dans tous les pays où se trouve
le jaguar, ce redoutable animal, tapi dans les
fourrés, ou grimpé sur des arbres, s'élance
assez souvent sur les Indiens, qu'il enlève et
qu'il déchire.

X.

Il dit encore que les animaux domestiques
sont moins beaux et moins forts que ceux de

la même espèce vivant à l'état sauvage, pour
arriver à conclure en faveur de l'homme sauvage contre l'homme civilisé, qui devient faible,
craintif, rampant, sans force ni courage. Les
prémisses et la conclusion sont également fausses.
Nos animaux domestiques sont plus beaux et
aussi forts que les individus de la même espèce
vivant en liberté. Il semble, en ce qui concerne
l'homme, que les Romains valaient bien les
Germains ; les Français les Canadiens ; les Hol-
landais les Hottentots; et que les soldats de Na-
poléon n'avaient rien à envier aux guerriers de
Vercingétorix.

XI.

Quoique J. J. Rousseau admette que la station naturelle de l'homme est la verticale, il
discute sérieusement pour savoir s'il est plutôt
bipède que quadrupède. Il ne faut pas trop sé-
vèrement le reprendre de s'occuper de cette
question, puisque Linné, son contemporain,
admettait non comme espèce, mais comme
simple modification organique, un *homo ferus
tetrapus, mutus et hirsutus*, un homme sauvage, à quatre pattes, muet et velu ; il en cite
huit ayant vécu avec les ours, les loups, les
bœufs et les moutons. Malheureux idiots, qui
avaient quitté leur asile naturel pour vivre

dans les bois, non avec les ours et les loups
qui les auraient dévorés, mais seuls au milieu
des forêts, mangeant des fruits et des racines, et
retrouvés au moment où la faim allait les faire
périr. Ces faits, d'ailleurs, sont loin d'être tous
authentiques. En effet, il est bien difficile de
comprendre, que des jeunes garçons et des
jeunes filles aient pu supporter, sans vêtements
et en plein air, le froid de nos hivers. L'amour
du merveilleux aura ajouté à la singularité de
ces découvertes, et des gens d'esprit se seront
amusés à faire dire à celui qui était censé avoir
vécu avec les loups, ses pères nourriciers, que
la société de ces animaux valait bien mieux que
celle des hommes; ce qu'un autre jeune homme
disait à son tour des ours, avec lesquels il avait
été trouvé. Lorsque les faits extraordinaires sont
bien observés, ils deviennent de plus en plus
rares. Il y a cent ans bientôt, que l'on ne
trouve plus de ces excentricités humaines.

XII.

*Le premier qui se fit des habits ou un loge-
ment, se donna en cela des choses peu nécessaires, puisqu'il s'en était passé jusqu'alors.*
C'est l'habit et le logement qui expliquent comment l'homme a pu se répandre sur tous les
points du globe. Que ces vêtements soient ha-

billement tissus, ou formés de peaux grossiè-
ment façonnées; que le logement soit une cabane ou un palais, il importe peu : on est
défendu contre la morsure des insectes et protégé contre les vicissitudes atmosphériques. Les
sauvages ne manquent jamais complétement de
ces abris protecteurs, et c'est parce qu'ils sont
insuffisants que beaucoup meurent jeunes. Il
faudrait, pour juger quel sort est le leur, avoir
des éléments de statistique, surtout des tables
de mortalité qui manquent. Ce n'est pas en
philosophe, et à distance, qu'il faudrait apprécier la dose de bonheur dont ils jouissent;
ce devrait être en voyageur et en naturaliste.

XIII.

On lit encore, dans l'écrit célèbre que nous
examinons, que la bête ne peut s'écarter de la
règle qui lui est prescrite, même quand il serait
avantageux pour elle de le faire. C'est ainsi,
dit l'auteur, qu'un pigeon mourrait de faim près
d'un bassin rempli des meilleures viandes, et un
chat sur des tas de fruits ou de grains, quoique
l'un et l'autre puissent très-bien se nourrir de
l'aliment qu'ils dédaignent, s'ils s'avisaient d'en
essayer; mais ne sait-on pas qu'un pigeon nourri
forcément de viande, et un chat auquel on ferait
avaler des graines, mourraient tous les deux.

L'un est organisé pour être granivore, l'autre
pour être carnivore. Leur estomac ne permet
pas une autre nourriture que celle à laquelle
les porte leur instinct. Si vous la changez, il n'y
a plus de chyle formé, et l'animal périt de faim.

Le fourmilier auquel on donnerait des mollusques, l'huîtrier qu'on tenterait de nourrir
de fourmis, périraient bientôt.

L'hirondelle ne peut manger des graines, le
serin ne peut ingérer des insectes. Non-seulement il ne serait pas avantageux pour eux de
le faire, mais ils ne le pourraient essayer sans
compromettre leur vie. Ce n'est donc ni par
stupidité, ni par dédain, qu'ils agissent ainsi ;
c'est par nécessité.

XIV.

N'est-ce pas continuer l'interminable série
des épigrammes contre la médecine que d'avoir
écrit : que si le sauvage malade, abandonné à
lui-même, n'a rien à espérer que de la nature,
en revanche, il n'a rien à craindre que de son
mal ; ce qui rend souvent sa situation préférable
à la nôtre. Une foule de maladies, qui ne sont
parmi nous que des accidents sans gravité, et
qui sont très-facilement guérissables, deviennent
incurables et mortelles chez les sauvages. Ils
le sentent si bien, qu'ils demandent à tous les

hommes civilisés, quand ils en voient, des secours pour combattre leurs maladies, aussi
nombreuses et aussi graves que les nôtres.

Dans les régions les plus favorisées, la population sauvage, si elle ne décroît pas, reste stationnaire. Il faut, pour que l'homme prospère, la
protection de l'état social. Des régions immenses,
très-fertiles, n'ont presque point d'habitants, et
ceux qu'on y trouve se fractionnent en hordes
et en nations, qui se déchirent. Cependant
J. J. Rousseau met le bonheur, la sagesse, la
force, la modération, chez ces peuples malheureux. Les philosophes, qui ne veulent croire au
bonheur, à la sagesse et à la vertu sur la terre
qu'à titre d'exception, mais qui en dotent l'humanité tout entière sans distinction de position
géographique, sont bien plus près de la vérité
que ceux qui les refusent d'une manière absolue
aux uns, pour en doter généreusement les
autres. L'esprit systématique prend presque
toujours l'exception pour la règle, et crée des
lois imaginaires auxquelles tout doit être soumis. La lumière que J. J. Rousseau a fait briller
aux yeux des hommes, les a plus souvent
éblouis qu'elle ne les a éclairés.

TABLE DES MATIÈRES.

www.ingramcontent.com/pod-product-compliance
Lightning Source LLC
Chambersburg PA
CBHW050353030726
47503CB00006B/1836